Berichte aus dem
Institut für Umformtechnik
der Universität Stuttgart
Herausgeber: Prof. Dr.-Ing. K. Lange

88

Suwandi Sugondo

Hydrostatisches Fließpressen von Profilen unter Verwendung von Matrizen mit stetigem Übergang

Mit 59 Abbildungen und 7 Tabellen

Springer-Verlag
Berlin Heidelberg New York Tokyo 1986

Dipl.-Ing. Suwandi Sugondo
Institut für Umformtechnik
Universität Stuttgart

Dr.-Ing. Kurt Lange
o. Professor an der Universität Stuttgart
Institut für Umformtechnik

D 93

ISBN-13:978-3-540-16847-8   e-ISBN-13:978-3-642-82857-7
DOI: 10.1007/978-3-642-82857-7

Gesamtherstellung: Copydruck GmbH, Offsetdruckerei, Industriestraße 1-3, 7258 Heimsheim
Telefon 0 70 33/38 25-26
2362/3020—543210

Die Umformtechnik zeichnet sich durch sehr gute Werkstoffaus-
wertung und hohe Mengenleistung in der Serienfertigung gegenüber anderen Fertigungsverfahren aus, wobei Beibehaltung der
Masse, Änderung der Festigkeitseigenschaften während eines Vorgangs und elastische Rückfederung der Werkstücke nach einem
Vorgang wesentliche Merkmale sind. Weiter sind die benötigten
Kräfte, Arbeiten und Leistungen sehr viel größer als z.B. bei
spanenden Verfahren. Die sichere Beherrschung eines Verfahrens
in der industriellen Fertigung und die zunehmende Forderung
nach Vermeidung bzw. Minimierung spanender Nacharbeit erzwingen
die geschlossene Betrachtung des Systems "Umformende Fertigung"
unter zentraler Berücksichtigung plastizitätstheoretischer,
werkstoffkundlicher und tribologischer Grundlagen.

Das Institut für Umformtechnik der Universität Stuttgart stellt
entsprechend Forschung und Entwicklung zum einen auf die Erar-
beitung von Grundlagenwissen in diesen Bereichen ab, zum anderen
untersucht und entwickelt es Verfahren unter Anwendung spezieller Meßtechniken mit dem Ziel einer genauen quantitativen Ermittlung des Einflusses der Parameter von Vorgang, Werkstoff,
Werkzeug und Maschine. Die Behandlung von Problemen des Maschi-
nenverhaltens, der Maschinenkonstruktion sowie der Werkzeugaus-
legung und -beanspruchung, der Auswahl hochbeanspruchbarer,
verschleißfester Werkzeugbaustoffe und schließlich der Tribo-
logie gehört entsprechend ebenfalls zum Arbeitsgebiet, das
durch die Erfassung organisatorischer und betriebswirtschaft-
licher Fragen abgerundet wird.

Im Rahmen der "Berichte aus dem Institut für Umformtechnik" er-
scheinen in zwangloser Folge jährlich mehrere Bände, in denen
über einzelne Themen ausführlich berichtet wird. Dabei handelt
es sich vornehmlich um Abschlußberichte von Forschungsvorhaben,
Dissertationen, aber gelegentlich auch um andere Texte. Diese
Berichte sollen den in der Praxis stehenden Ingenieuren und
Wissenschaftlern zur Weiterbildung dienen und eine Hilfe bei
der Lösung umformtechnischer Aufgaben sein. Für die Studieren-

den bieten sie die Möglichkeit zur Vertiefung der Kenntnisse.
Die seit zwei Jahrzehnten bewährte freundschaftliche Zusammen-
arbeit mit dem Springer-Verlag sehe ich als beste Voraussetzung
für das Gelingen dieses Vorhabens an.

                              Kurt Lange

<u>V o r w o r t</u>

Die vorliegende Arbeit entstand während meiner Tätigkeit als wissenschaft-
licher Mitarbeiter am Institut für Umformtechnik der Universität Stuttgart.

Herrn Professor Dr.-Ing. K. Lange danke ich für die großzügige Unter-
stützung bei der Anfertigung dieser Arbeit, sowie für die vielen Hinweise
und Anregungen.

Herrn Professor Dr.-Ing. H. Dietmann bin ich für das dieser Arbeit entge-
gengebrachte Interesse, die eingehende Durchsicht und wertvolle Hinweise
dankbar.

Mein Dank gilt ferner auch allen Mitarbeiterinnen und Mitarbeitern des In-
stituts für Umformtechnik, die durch tätige Hilfe meine Arbeit unter-
stützt haben.

Ebenfalls danken möchte ich Herrn Professor Dr.-Ing. A. Storr vom Institut für Steuerungstechnik der Werkzeugmaschinen und Fertigungseinrichtungen in Stuttgart für die Erstellung der Werkzeuge.

Die Mittel zur Durchführung dieser Arbeit wurden von der Deutschen For-
schungsgemeinschaft zur Verfügung gestellt.

Stuttgart, Februar 1986

       Suwandi Sugondo

Inhaltsverzeichnis

		Seite
Größen, Einheiten, Abkürzungen		11
0	Einleitung	13
1	Stand der Erkenntnisse	15
2	Aufgabenstellung und Lösungsweg	22
3	Auslegung und Herstellung der Matrize	25
3.1	Auslegung der Matrize	25
3.1.1	Kreisrunde Matrize	25
3.1.2	Nichtkreisrunde Matrize	26
3.2	Herstellung der Matrize	30
3.2.1	Kreisrunde Matrize	31
3.2.2	Nichtkreisrunde Matrize	31
4	Versuchseinrichtungen und Versuchsdurchführung	35
4.1	Versuchswerkzeug	35
4.1.1	Matrizenaufnehmer	37
4.1.2	Matrizeneinsatz	38
4.1.3	Dichtungen	41
4.1.4	Messen von Stempelweg und Stempelkraft	43
4.2	Umformmaschine	44
4.3	Versuchswerkstoffe und Rohteilvorbereitung	44
4.4	Druckmedium und Schmierstoffe	47
5	Umformkräfte	55
5.1	Experimentell ermittelte hydrostatische Drücke	55
5.1.1	Kreisrunder Profilquerschnitt	55
5.1.2	Nichtkreisrunde Profilquerschnitte	59
5.2	Berechnung der Umformkräfte (-drücke)	62
5.3	Vergleich rechnerisch und experimentell ermittelter hydrostatischer Drücke	65
5.3.1	Kreisrunder Profilquerschnitt	65
5.3.2	Nichtkreisrunde Profilquerschnitte	73

		Seite
6	Stoffflußuntersuchungen	74
6.1	Allgemeine Vorgehensweise	74
6.2	Qualitative Darstellung des Werkstoffflusses	75
6.3	Örtliche Vergleichsformänderungsgeschwindigkeiten und Vergleichsformänderungen	81
7	Werkstückeigenschaften	96
7.1	Mechanische Eigenschaften	96
7.1.1	Härte	96
7.1.2	Zusammenhang zwischen Härte und örtlicher Vergleichsformänderung	101
7.1.3	Festigkeits- und Zähigkeitskennwerte	103
7.2	Geometrische Eigenschaften	107
7.2.1	Äußere Abmessungen	107
7.2.2	Oberflächenbeschaffenheit	110
7.3	Gefüge	116
8	Folgerungen für die praktische Anwendung	120
9	Zusammenfassung	122
Schrifttum		124

Größen, Einheiten, Abkürzungen

$a = r_1/r_o$	–	Radienverhältnis
A	mm^2	Fläche
A_g	%	Gleichmaßdehnung
A_5	%	Bruchdehnung
A_k	–	Transformationsfaktor für die konforme Abbildung
d	mm	Durchmesser
F	N	Kraft
HB	–	Brinellhärte
k_f	N/mm^2	Fließspannung
l	mm	Länge
l_w	mm	Abstand des Wendepunktes vom Matrizeneinlauf
M	–	Anzahl der Sektoren
n	–	Verfestigungsexponent
N_s	–	Anzahl der Werkstücksymmetrieachsen
p	bar	Druck
r, ρ	mm	Radius
$R = A_o/A_1$	–	Querschnittsverhältnis
R_a	µm	Mittenrauhwert
R_{pm}	µm	gemittelte Glättungstiefe
$R_{p0,2}$	N/mm^2	Dehngrenze
R_m	N/mm^2	Zugfestigkeit
R_{zDIN}	µm	gemittelte Rauhtiefe
s	mm	Stempelweg
s	µm	Schmierstoffilmdicke
U	mm	Profilumfang
v_T	mm/s	Werkstückgeschwindigkeit
Z	%	Brucheinschnürung
2α	Grad	Matrizenöffnungswinkel
$2\alpha^*, 2\alpha^{**}$	Grad	äquivalenter Matrizenöffnungswinkel
γ	–	Formfaktor
$\dot{\varepsilon}$	s^{-1}	Formänderungsgeschwindigkeit
ε	–	Formänderung, Dehnung
η	m Pa s	dynamische Viskosität

ϑ	°C	Temperatur
$\varkappa$	–	Schiebungsmaß
λ	–	Profilleeregrad
μ	–	Reibzahl
ξ	‰	relatives Haftmaß
ρ	–	relative Rauheitsänderung
$\sigma_{d0,2}$	N/mm²	Stauchgrenze
φ	–	Umformgrad
ω	grad	Winkel

Indizes

ges	gesamt
i	innen
id	ideell
m	mittlere
max	maximal
min	minimal
RS	Schulterreibung
Sch	Schiebung
v	vergleich
W	Wendepunkt
zul	zulässige
k	0,1,2,...

0   Einleitung

Die vielseitigen Möglichkeiten, die das Fließpressen als Umformverfahren
für die Formgebung von Metallen bietet, führten bei steigenden Ansprüchen
der Abnehmer hinsichtlich der Maßgenauigkeit, Werkstoffausnutzung sowie
der Breite des Formenspektrums zu immer komplizierteren Werkstücken. Die
Forderungen nach neuen, komplexeren Profilformen und größeren Querschnittsänderungen hatten immer größere Preßkräfte zur Folge, woraus eine sehr
hohe mechanische Belastung der Werkzeuge resultiert.

Nach DIN 8583 zählt das Fließpressen zur Gruppe der Durchdrückverfahren
und wird in die Untergruppen Fließpressen mit starren Werkzeugen und Fließpressen mit Wirkmedien eingeteilt, wobei bei dem letztgenannten Verfahren
das Werkstück durch Einwirkung eines Druckmediums durch die Matrize gedrückt wird. In Bild 1 ist das Prinzip der Fließpreßverfahren dargestellt.

Das hydrostatische Fließpressen ist eines von mehreren Verfahren, die eine
wesentliche Verringerung des Kraftbedarfs ermöglichen und demzufolge zu
einer Verringerung der mechanischen Belastung der Werkzeuge führen.

Durch den Wegfall der Reibung zwischen Rohteil und Aufnehmerwand sowie
durch die Bildung günstiger Schmierungsbedingungen zwischen Werkstück und
Matrize werden die Reibungsverluste vermindert, was beim Pressen von Profilen mit im Verhältnis zur Profilquerschnittsfläche großem Profilumfang
(große Reiblänge) besondere Vorteile bietet. Die seitliche Abstützung des
Rohteils verhindert dessen Aufstauchen, und es können Rohteile mit beliebig großem Längen/Durchmesser-Verhältnis (l_o/d_o) gepreßt werden.

Gegenüber dem konventionellen Verfahren ist beim hydrostatischen Fließpressen, bedingt durch das Einfüllen der Druckflüssigkeit, eine längere Handha-
bungszeit notwendig. Dieses Verfahren wird vorwiegend zur Herstellung von
Halbzeug eingesetzt (Strangpressen). Das Prinzip des Dickfilmverfahrens
ist die Verringerung des das Werkstück umgebenden Druckflüssigkeitsvolumens
auf ein Minimum sowie die Verwendung fester oder hochviskoser Schmierstoffe. Dies führt zu einer Verkürzung der Handhabungszeiten. Aus diesem Grund
eignet sich dieses Verfahren für das Stückgutumformen (Fließpressen).

Die beim hydrostatischen Fließpressen unter Verwendung einer kegeligen
Matrize auftretenden Schiebungsverluste beeinflussen einerseits den erforderlichen Druckbedarf und führen andererseits bezüglich der Homogenität

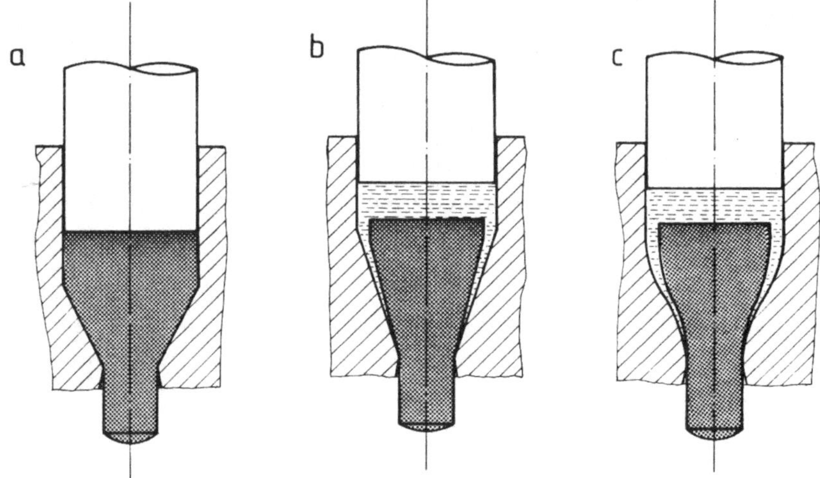

Bild 1: Prinzipdarstellung des Fließpressens
Fließpressen mit starrem Werkzeug: a
Fließpressen mit Wirkmedium: b - kegelige Matrize
c - Matrize mit stetigem Übergang.

des Werkstoffflusses zu ungünstigeren Ergebnissen. Außerdem müssen die Rohteile angespitzt werden, um den Druckraum zu Beginn des Preßvorgangs abzudichten [1].

Der Gegenstand der vorliegenden Untersuchung ist es, den Einfluß der Matrize mit stetigem Übergang beim hydrostatischen Fließpressen zu untersuchen.

Die Schwierigkeiten liegen insbesondere bei der Abdichtung des Druckraumes gegen den hohen Flüssigkeitsdruck. Weitere Probleme bringen die häufig infolge schneller Abwechslung zwischen Haft- und Gleitreibung in der Umformzone auftretenden Stick-Slip-Erscheinungen.

1   <u>Stand der Erkenntnisse</u>

Die Umformung von Metallen mit Hilfe von Durchdrückverfahren unter Anwendung einer unter hohem Druck stehenden Flüssigkeit ist schon seit Ende des
19. Jahrhunderts bekannt. Diese Verfahren werden als hydrostatisches Pressen bezeichnet.

Beim hydrostatischen Pressen wird das umzuformende Werkstück im Aufnehmer
nicht direkt durch die Kraftwirkung des Stempels, sondern indirekt, mittels
einer Flüssigkeit als Druckmedium durch die Matrize gepreßt.

Die Hauptvorteile des hydrostatischen Strang- bzw. Fließpressens gegenüber
dem konventionellen Verfahren sind nach Laue [2] und Pugh [3] folgende:

- Ist zwischen Werkstück und Aufnehmer ein ausreichend großer Spalt vorhanden, so führt die Druckflüssigkeit zu günstigen Reibungsverhältnissen
  zwischen Werkstück und Aufnehmerwand. Deshalb treten hier im Vergleich
  zum konventionellen Fließpressen geringere Preßkräfte auf.

- Der das Rohteil umgebende hohe Flüssigkeitsdruck im Matrizenaufnehmer
  wirkt stabilisierend und verhindert ein Aufstauchen des Rohteils während
  des Preßvorgangs. Aus diesem Grund können sehr lange Rohteile verarbei-
  tet werden.

- Es besteht die Möglichkeit, die Matrize so auszuführen, daß sie nicht
  entlang ihrer gesamten Einbauhöhe an der Aufnehmerwand anliegt. In diesem Fall übt die umgebende Druckflüssigkeit auf die Matrize einen Radial-
  druck aus, der die Wirkung einer Armierung besitzt. Deshalb können
  dünnwandige Matrizeneinsätze, d. h. Matrizen mit kleinem Schulterwinkel,
  verwendet werden. Diese führen zu nur geringen Schiebungen und damit zu
  einem homogeneren Werkstofffluß.

Durch die Verminderung der Reibung ist eine geringere Preßkraft erforderlich, oder es wird bei gegebener Preßkraft eine höhere Querschnittsver-
minderung des Werkstücks erzielt. Außerdem führt die geringe Reibung zu
einem gleichmäßigen Werkstofffluß während des Umformvorgangs [4] .

Neben den oben aufgezählten Vorteilen weist das hydrostatische Strang- bzw.
Fließpressen jedoch folgende mögliche Nachteile auf:

- Bei "Mangelschmierung" treten häufig zu Beginn des Preßvorgangs so-

genannte Druckspitzen und im weiteren Verlauf des Pressens Stick-Slip-
Erscheinungen auf.

- Schwierigkeiten beim Abdichten des hohen Flüssigkeitsdruckes von bis zu
  20 kbar im Druckraum zwischen dem beweglichen Stempel und dem Aufnehmer [2, 5] .

- Aufwendige Rohteilbearbeitung (bei Verwendung von kegeligen Matrizen):
  Jedes Rohteil muß entsprechend dem Matrizenöffnungswinkel mit einer
  Fase versehen werden [2, 6, 7].

Die Druckspitze ist eine Folge des sprunghaften Übergangs von Haft- zu
Gleitreibung an der Matrizenschulter und ist naturgemäß von den Reibungsbedingungen und Querschnittsänderungen abhängig. Zur Verbesserung der
Reibungsbedingungen hat Pugh [8] anstatt glattgeschliffener, sandgestrahl-
te Rohteile verwendet, da diese wegen ihrer Oberflächenrauheit eine gewis-
se Ölreserve speichern können. Dies führt zu günstigeren Reibungsverhältnissen im formgebenden Teil der Matrize und somit zu einem Abbau der Druckspitze. Als weitere Maßnahme [6, 7, 9] wurden die Rohteile einseitig mit
einer Fase versehen, wobei der Winkel 1 ° bis 2 ° kleiner als der Matrizenöffnungswinkel gewählt wurde, um die Ausbildung eines Schmierstoff-
films im Einlaufbereich der Matrize zu erleichtern.

Die Stick-Slip-Erscheinungen beim hydrostatischen Strang- bzw. Fließpressen sind mit starken Kraftschwankungen und einer ungleichmäßigen Austritts-
geschwindigkeit verbunden. Sie treten besonders bei größerem Volumen und
niedriger Viskosität des Druckmediums sowie geringen Preßgeschwindigkeiten
auf [6, 9, 10] . Am Werkstück sind als Folge davon "Rattermarken" zu
erkennen. Um die Stick-Slip-Erscheinungen zu beseitigen, wurde die Anwendung von Druckmedien bzw. Schmierstoffen höherer Viskosität oder die Erhöhung der Preßgeschwindigkeit vorgeschlagen [1, 10, 11]. Iyenger und
Rice [10] leiteten aufgrund von Ergebnissen aus ihren Versuchen, in denen
Wachs als Modellwerkstoff verwendet wurde, Formeln mit Hilfe mathematischer Beziehungen aus dem Newtonschen Flüssigkeitsgesetz und den Konti-
nuitätsbedingungen ab. Anhand dieser Formeln kann die Grenzgeschwindigkeit des Rohteils bzw. des Maschinenstößels für das hydrostatische Fließpressen berechnet werden, so daß die Bildung des Schmierstoffilms bzw. die
Aufrechterhaltung der notwendigen Schmierungsbedingungen zwischen Werkstück und Matrize gewährleistet ist.

Die abgeleiteten Formeln haben folgende Form:

$$v_{T1} \geqslant \frac{k_f \; s \; \tan \alpha}{6 . \eta} \qquad (1\ a)$$

und

$$v_{T2} \geqslant 2 \frac{d_0}{d_1} \; \frac{k_f \; s \; \tan \alpha}{6 . \eta} \qquad (1\ b).$$

Hierbei sind:

$$v_{T1} \text{ und } v_{T2} = \text{Rohteilgeschwindigkeit}$$
$$k_f = \text{Fließspannung}$$
$$s = \text{Schmierstoffilmdicke an der Austrittstelle}$$
$$\alpha = \text{halber Matrizenöffnungswinkel}$$
$$\eta = \text{dynamische Viskosität}$$
$$d_0 = \text{Rohteildurchmesser}$$
$$d_1 = \text{Schaftdurchmesser}$$

Zur Bildung des Schmierstoffilms zwischen dem Werkstück und der Matrize muß die Mindestgeschwindigkeit v_{T1} des Rohteils erreicht werden.
Die Grenzgeschwindigkeit zur Aufrechterhaltung der Schmierungsbedingungen während des gesamten Preßvorgangs ist v_{T2}. Es gilt $v_{T2} > v_{T1}$.

Zu hohe Viskosität des Druckmediums bzw. Schmierstoffs oder zu große Preßgeschwindigkeit verursachen aber eine andere Art von Stick-Slip-Erscheinungen: Werkstücke, die mit einem Druckmedium bzw. Schmierstoff zu hoher Viskosität gepreßt wurden, weisen eine Ringbildung am Schaft auf [2, 12]. Eine ähnliche Erscheinung zeigt sich an Werkstücken, die mit zu hoher Preßgeschwindigkeit ausgepreßt wurden [9].

Fiorentino [13] hat zur Vermeidung der Stick-Slip-Erscheinungen eine Verringerung des Druckmediumvolumens sowie Verwendung von hochviskosen - oder Festschmierstoffen vorgeschlagen und das sogenannte Hydrafilm- oder Thickfilm-Verfahren entwickelt. Dafür wurden die Rohteile mit einem dicken Schmierstoffilm versehen, um das Volumen des Druckmediums zu reduzieren [2, 15]. Hogland [15] hat Bienenwachs als Schmierstoff beim Hydrafilm-Verfahren zum Pressen von Aluminiumlegierungen verwendet. Auf diese Weise konnte die Gefahr des Stick-Slip-Phänomens weitestgehend eliminiert werden.

Weitere Schwierigkeiten beim hydrostatischen Strang- bzw. Fließpressen
verursachen, wie im Schrifttum vermerkt, die statischen Dichtungselemente
zum Abdichten des hohen Flüssigkeitsdruckes von bis zu 20 kbar im Druckraum zwischen Stempel und Aufnehmer. In der Mehrzahl der aufgeführten
Dichtungssysteme wurden O-Ringe als Dichtungselement verwendet [3, 6, 9].
Die Standzeit des gesamten Dichtungssystems ist sehr stark von der Quali-
tät der O-Ringe abhängig. Kerspe [6] hat einen Stützring aus Metall zwischen Druckmedium und O-Ring verwendet, um den schnellen Verschleiß des
O-Rings zu verhindern. Damit konnte die Standzeit des Dichtungssystems
deutlich erhöht werden.

Zur Berechnung der hydrostatischen Drücke haben Kerspe [6] und Pugh [16]
verschiedene Ansätze unter Berücksichtigung der Parameter Umformgrad und
Matrizenöffnungswinkel für kegelige Matrize und kreisrunde Profilquerschnitte aufgestellt. Die aus den benötigten Preßkräften errechnete Reibzahl für das hydrostatische Fließpressen bewegt sich nach [6] im Bereich
von $0,005 \leqslant \mu \leqslant 0,01$. Die erforderliche Preßkraft liegt infolge günstiger
Reibungsbedingungen beim hydrostatischen Fließpressen je nach Werkstückwerkstoff um 25 % bis 40 % niedriger als beim konventionellen Verfahren.
Über den Einfluß der Profilquerschnittsform auf die Erhöhung der benötigten Preßkraft beim hydrostatischen Pressen wird nur wenig berichtet[23, 24].
Untersuchungen über diesen Einfluß wurden von verschiedenen Autoren
[17, 18, 19] beim konventionellen Pressen durchgeführt. Hierbei hat sich
gezeigt, daß infolge der unterschiedlichen Länge der Bahnlinien in der Umformzone zusätzliche Schiebungen in Werkstoffelementen auftreten. Dadurch
wird eine Erhöhung des Kraftbedarfs im Vergleich zu demjenigen beim Pressen
von Werkstücken mit kreisrunden Querschnitten verursacht [20, 21]. Dieser
Einfluß wird deutlich in der Arbeit von Lang [19], in der eine Trennung
zwischen Form- und Reibungseinflüssen durch verschiedene Versuchsbedingungen realisiert wurde. Es wurde nachgewiesen, daß die Preßkraft unter konstanten Reibungsbedingungen nur von der Werkstückform abhängig ist. Vater
[22] hat die Ergebnisse der Werkstoffflußuntersuchungen verwendet, um den
Einfluß der nichtkreisrunden Werkstückformen auf die Erhöhung des Kraftbedarfs zu verdeutlichen.

Im Schrifttum wurden ferner mehrere Definitionen eines Formfaktors eingeführt, um die Abhängigkeit der benötigten Preßkraft von nichtkreisrunden
Werkstückquerschnitten zu beschreiben. Vater [22] hat für die Erklärung
der Erhöhung des Kraftbedarfs beim konventionellen Strangpressen von

nichtkreisrunden Querschnitten eine einfache Beziehung für den Formfaktor, nämlich das Verhältnis des Profilumfangs U_p zum Umfang des flächengleichen Kreisquerschnitts U_p verwendet:

$$\gamma_1 = \frac{U_p}{U_K} \tag{2}$$

Analog dazu wird von Yang [24] beim hydrostatischen Fließpressen angegeben:

$$\gamma_2 = \frac{r_u}{r_a} \tag{3}$$

mit

r_u = Radius eines Kreises mit dem gleichen Umfang wie der Werkstückumfang

r_a = Radius eines Kreises mit der gleichen Fläche wie die Werkstückquerschnittsfläche.

Eine Abhängigkeit des Kraftbedarfs für verschiedene Werkstückformen vom Formfaktor konnte sowohl beim konventionellen Strangpressen [22] als auch beim hydrostatischen Fließpressen [24] festgestellt werden. Während der Kraftbedarf beim konventionellen Strangpressen mit größer werdendem Formfaktor exponentiell zunimmt, steigt der Druck beim hydrostatischen Fließpressen linear an.

Die Werkstückeigenschaften hydrostatisch gepreßter Teile und der Werkstofffluß beim hydrostatischen Pressen wurden in [6, 16] unter Verwendung kegeliger Matrizen untersucht und den Ergebnissen der konventionellen Verfahren gegenübergestellt. Die geringe Reibung und die geringen Schiebungen in der Umformzone führen zu einer im Vergleich zu konventionell gepreßten Teilen größeren Homogenität des Werkstoffflusses.

In bezug auf das Dauerschwingverhalten besitzen die hydrostatisch gepreßten Teile durch die homogene Verteilung des örtlichen Umformgrades Vorteile gegenüber den konventionell hergestellten [6] . Die Härteverteilung an hydrostatisch gepreßten Werkstücken zeigt gegenüber konventionell gepreßten eine größere Gleichmäßigkeit über dem Werkstückquerschnitt, wobei die Härtewerte nahezu gleich wie diejenigen beim herkömmlichen Fließpressen in der Schaftmitte sind. Die Oberflächen der hydrostatisch gepreßten Werkstücke sind gegenüber den konventionell gepreßten - infolge der besseren

Schmierungsbedingungen und somit einer guten Trennung von Werkstück und
Werkzeug weniger geglättet.

Bei Verwendung einer kegeligen Preßschulter sind beim hydrostatischen
Fließpressen die Verluste im wesentlichen auf die Schiebungen zurückzuführen, da die Reibung zwischen Werkstück und Matrizeneinsatz mit der Ausbildung des Schmierstoffilms im formgebenden Teil stark vermindert wird
[16]. Nagpal [23] hat eine Methode zur Bestimmung des Verlaufs der Matrizenkontur entwickelt, mit dem Ziel, die Verluste durch die Schiebungen
herabzusetzen oder ganz auszuschalten. Bei dieser Methode verwendet man
eine stetige Übergangslinie für die Begrenzung des inneren Wandverlaufs
der Matrize, die sogenannte "Stromlinien"-Matrize (Matrize mit stetigem
Übergang). Zur Beschreibung des Wandkonturverlaufs wurde ein Polynom 4. Grades
eingesetzt. Die Anwendung dieser Methode findet sich in [29] beim hydrostatischen Fließpressen von Werkstücken mit kreisrunden Querschnitten aus
kreiszylindrischen Rohteilen. In [14, 27, 28] wird über die Anwendung dieser
Methode zum hydrostatischen Fließpressen von Werkstücken mit nichtkreisrunden Querschnitten berichtet. Yang [24, 30] erweiterte die Anwendung von
Matrizen mit stetigem Übergang auf die Herstellung von Werkstücken mit
nichtkreisrunden Querschnitten aus kreiszylindrischen Rohteilen. Die
Matrize wurde durch einen stetigen Übergang in der Werkzeuglängsrichtung -
"stromlinienförmiger Matrizenschulterverlauf" - und einen stetigen Quer-
schnittsübergang in der Umformzone (vom kreisrunden Eintrittsquerschnitt
zum jeweiligen Austrittsquerschnitt), der mit Hilfe mathematischer Trans-
formationen - konformer Abbildungen - berechnet wurde, ausgelegt.

Zur Bestimmung des Kraftbedarfs beim hydrostatischen Fließpressen von
Werkstücken mit nichtkreisrunden Querschnitten unter Verwendung von Matri-
zen mit stetigem Übergang hat Yang [24, 25, 26] das Verfahren der oberen
Schranke und zur Erfassung der Reibungsbedingungen zwischen Werkstück und
Matrize das Newtonsche Flüssigkeitsgesetz angewendet.

Der Einfluß der Matrizenlänge und der Lage des Wendepunktes der Matrizen
mit stetigem Übergang auf die hydrostatische Preßkraft wurde in [24] untersucht. Die benötigte Preßkraft steigt mit kleiner werdender Matrizenlänge exponentiell an. Ist die Matrizenlänge gleich oder größer als der
Rohteildurchmesser, dann hat sie nur einen sehr geringen Einfluß auf die
hydrostatische Preßkraft. Die Lage des Wendepunktes hat für den Kraftbedarf nur eine untergeordnete Bedeutung.

Im Schrifttum wird über die Erprobung der Matrize mit stetigem Übergang
beim hydrostatischen Fließpressen von kreisrunden und nichtkreisrunden
Werkstückquerschnitten sowie die Ermittlung des Stoffflusses und der Eigenschaften der gepreßten Werkstücke nur wenig mitgeteilt. Bei Verwendung
von Matrizen mit stetigem Übergang werden, im Vergleich zu denen mit kege-
ligem Übergang, aufgrund der Angaben im Schrifttum ein homogenerer Werkstofffluß und somit günstigere Werkstückeigenschaften erwartet.

Die Auswertung des Schrifttums ergab, daß der Kenntnisstand über die Durchführung des hydrostatischen Fließpressens von kreisrunden und nichtkreisrunden Werkstückquerschnitten unter Verwendung von Matrizen mit stetigem
Übergang vom Ein- zum Auslauf noch unvollkommen ist. Auch der Werkstofffluß und die Eigenschaften des Werkstücks beim hydrostatischen Fließpressen
unter Verwendung von Matrizen mit stetigem Übergang sind bislang nur in
beschränktem Umfang untersucht worden.

Das Ziel der vorliegenden Untersuchung war die Entwicklung und Erprobung
von Matrizen für das hydrostatische Voll-Vorwärts-Fließpressen, die einen
stetigen Konturübergang in Achsrichtung für kreisrunde sowie in Achs-
und Umfangsrichtung für nichtkreisrunde Querschnittsformen aufweisen. Die
kreiszylindrischen Rohteile besitzen keine der Abdichtung dienende An-
spitzung. Außerdem sollte untersucht werden, welchen Einfluß die verwendete Matrizenkontur auf den Kraftbedarf, den Werkstofffluß und die Werkstückeigenschaften hat.

Zur Auslegung der Innenkontur der Matrizen in Achsrichtung für kreisrunde
Werkstückquerschnitte sowie in Achs- und Umfangsrichtung für nichtkreisrunde wurde die von Yang in [24, 30] angegebene Methode verwendet.

Die häufig beim hydrostatischen Fließpressen auftretenden Druckspitzen und
Stick-Slip-Erscheinungen sollten durch eine optimierte Schmierstoffauswahl
ausgeschaltet werden.

Zur Vermeidung des starken Verschleißes des statischen Dichtungssystems
wird an dom in [6, 24] angegebenen Dichtungssystem eine konstruktive
Änderung vorgenommen. Dadurch soll die Lebensdauer des gesamten Systems
verlängert werden.

In der Tabelle 1 ist das Untersuchungsprogramm für das hydrostatische
Voll-Vorwärts-Fließpressen zur Erprobung von Matrizen mit stetigem Übergang dargestellt.

Die Parameter Umformgrad φ und Profilquerschnitt werden so variiert, daß
eine Aussage über den Einfluß der Matrizenkontur und der Profilformen auf
den Kraftbedarf, den Werkstofffluß und die Werkstückeigenschaften möglich
ist.

Tabelle 1: Versuchsprogramm zur Durchführung des hydrostatischen
Fließpressens.

Profilquer-schnitt	Umformgrad φ					
	1,0	1,25	1,35	1,56	1,68	1,80
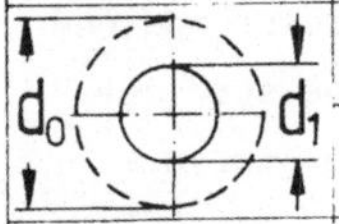	$d_1 = 24$	=21	=20	=18	=17	=16
d_0 / d_1	⊗	⊗	⊗	⊗	⊗	⊗
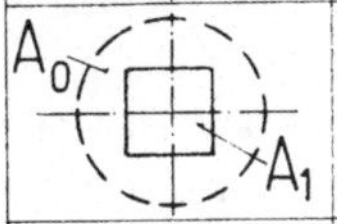 A_0 / A_1	⊗	⊗				
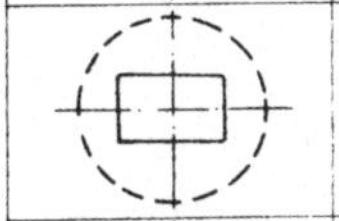		⊗ ⊗				
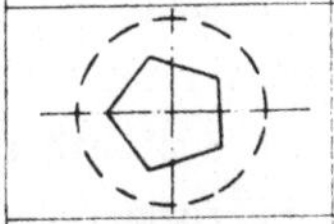		⊗				
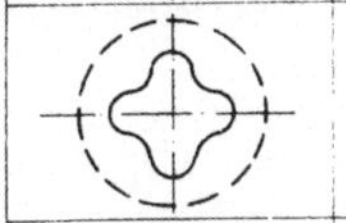	⊗	⊗				
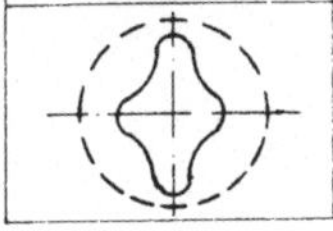		⊗				

$d_0 = 39{,}3$ mm

Der Umformgrad φ wird beim kreisrunden Profilquerschnitt im vollen vor-
gesehenen Umfang untersucht (mit Rücksicht auf die zulässige Werkzeug-
belastung: $\varphi_{max} \leqslant 1,8$), jedoch nicht bei allen nichtkreisrunden
Querschnitten, da für die Herstellung der Elektroden zum Erodieren der
Fließpreßmatrizen ein wesentlich größerer Zeitbedarf als ursprünglich
angesetzt erforderlich war.

Bei den rechteckigen Profilquerschnitten sollen unterschiedliche Kantenver-
hältnisse $l_1/l_2 = 1,25$ und $1,50$, jeweils bei einem Umformgrad $\varphi = 1,25$,
untersucht werden.

Als Versuchswerkstoffe werden der unlegierte Kohlenstoffstahl Ck 15 und die Aluminiumlegierung AlMgSi 1 verwendet.

Mit Hilfe bekannter Beziehungen wird der Kraftbedarf für Werkstücke mit kreisrundem Querschnitt berechnet und mit der experimentell ermittelten Preßkraft verglichen.

Durch den Vergleich zwischen der benötigten Preßkraft für kreisrunde und nichtkreisrunde Werkstückquerschnitte unter sonst gleichen Versuchsbedingungen wird der Einfluß der nichtkreisrunden Profilformen auf die Preßkraft ermittelt.

Der Werkstofffluß bei den Werkstücken mit kreisrunden und nichtkreisrunden Querschnitten wird mit Hilfe der Methode der Visioplasticity untersucht, wobei diese Methode bei den nichtkreisrunden Werkstückquerschnitten in den Symmetrieebenen durchgeführt wird.

Die mechanischen und geometrischen Eigenschaften werden für die unterschiedlichen Versuchsbedingungen (Umformgrad, Profilform, Schmierstoff) anhand der fließgepreßten Werkstücke ermittelt. Zur Beurteilung des Gefügezustandes werden von umgeformten Werkstücken und dem Rohteil makroskopische Schliffbilder angefertigt.

3 Auslegung und Herstellung der Matrize

Die Methode zur Festlegung der Matrizeninnenkontur wird in [24, 30]
ausführlich beschrieben. Die grundlegenden Gleichungen und Zusammenhänge
werden anschließend kurz dargestellt.

3.1 Auslegung der Matrize

3.1.1 Kreisrunde Matrize

Eine Matrize mit stetigem Konturübergang zwischen Ein- und Austrittsöff-
nung ist in Bild 2 für einen kreisrunden Werkstückquerschnitt dargestellt. Die Innenkontur der Matrizen in Achsrichtung entsprach dem in

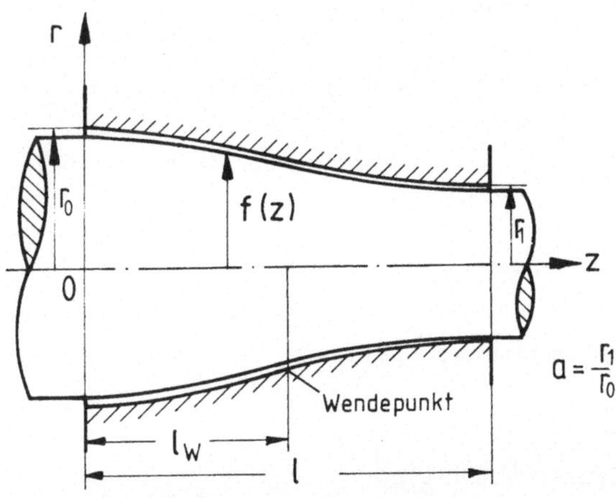

Bild 2: Bezeichnung der Matrize mit stetigem Übergang für kreisrunden
Profilquerschnitt.

[23] gemachten Vorschlag folgend einem Polynom 4. Grades mit einem Wendepunkt bei halber Matrizenlänge sowie parallel zur Preßrichtung verlau-
fenden Tangenten am Matrizenein- und -auslauf. Setzt man zur
Vereinfachung den Radius am Matrizeneinlauf, der dem halben
Rohteildurchmesser entspricht, $r_0 = 1$, dann läßt sich die Kontur durch

die Funktion

$$f(z) = 1 + \left[Cl^2 - 3\,\frac{(1-\alpha)}{l^2} \right] z^2 + 2\left[\frac{1-\alpha}{l^3} - Cl \right] z^3 + Cz^4 \tag{4}$$

beschreiben.

Dabei ist

$$C = \frac{3(1-\alpha)(1-2\,\frac{l_w}{l})}{\left[1 - 6\,\frac{l_w}{l} + 6\left(\frac{l_w}{l}\right)^2 \right] l^4}$$

und

$$\alpha = \frac{r_1}{r_0}\;.$$

Für kontinuierlichen Übergang zwischen Ein- und Auslauf der Matrize muß
Gl. (4) folgende Randbedingungen erfüllen:

- Matrizenein- und -auslauf parallel zur Preßrichtung
  $f'(0) = f'(\ell) = 0$
- Eintritts- und Austrittsöffnungen konstruktiv bedingt
  $f(z) = 1$ für $z = 0$
  $f(z) = a$ für $z = \ell$

Zwischen der Größe $a = r_1/r_0$ und dem geometrischen Umformgrad
$\varphi = \ln(A_0/A_1)$ besteht der funktionelle Zusammenhang $\varphi = -2\ln a$.

3.1.2 <u>Nichtkreisrunde Matrize</u>

Der innere Wandverlauf der Matrize in Werkzeuglängsrichtung wurde, wie bei
dem Verlauf für den kreisrunden Querschnitt, durch ein Polynom 4. Grades
festgelegt. Zur Bestimmung der Zwischenquerschnitte, die für einen stetigen Übergang vom Querschnitt des kreiszylindrischen Rohteils zu demjenigen
des Werkstücks mit beliebigem Profilquerschnitt erforderlich sind, wird
der nichtkreisrunde Werkstückquerschnitt mit Hilfe der konformen Abbildung
auf einen Kreis (Rohteilquerschnitt) transformiert. Die Form des Zwischen-
querschnitts ist dabei von z, d. h. dem Abstand vom Matrizeneinlauf, ab-

hängig (Bild 3). Die verwendete Abbildungsfunktion ist gegeben durch:

$$W(\xi) = \sum_{k=1}^{M} A_k \, \xi^{\,1-(k-1)N_S} \qquad (5)$$

mit:

$$A_k = \sum_{I=1}^{M} \frac{k\,N_S\,\hat{\omega}}{6\,d_0} \left[x(I)\cos\theta + y(I)\sin\theta \right]$$

und

$$\theta = \cos(I-1)\left[(k-1)N_S+1\right]\omega$$

In Gl.(5) verwendete Symbole:

$$\xi = \bar{\varrho}\, e^{\,i\omega\frac{\pi}{180}} \qquad \text{Kreisgleichung}$$

$$\omega = 360/M$$
$$k = 1, 2, \ldots N_Q$$
$$N_Q = \text{Anzahl der Zwischenquerschnitte}$$

Ein kontinuierlicher Verlauf der Matrizeninnenkontur zwischen Eintritts- und Austrittsebene wird erreicht, indem man die Variable $\bar{\varrho}$ als stetige Funktion von z ansetzt:

$$\bar{\varrho}(z) = \sum_{k=1}^{N_Q} a_K\, z^k \qquad (6)$$

mit a_k als Abstand zwischen der z-Achse und dem äußersten Punkt im Zwischenquerschnitt.

Die durch die konforme Abbildung transformierte Querschnittsgeometrie kann wie folgt angegeben werden:

$$x = \sum_{k=1}^{M} b_k \cos\left[1-(k-1)N_S\right]\omega \qquad (7\ a)$$

$$y = \sum_{k=1}^{M} b_k \sin\left[1-(k-1)N_S\right]\omega \qquad (7\ b)$$

mit:

$$b_k = A_k \left[\bar{\varrho}(z)\right]^{\,1-(k-1)N_S}$$

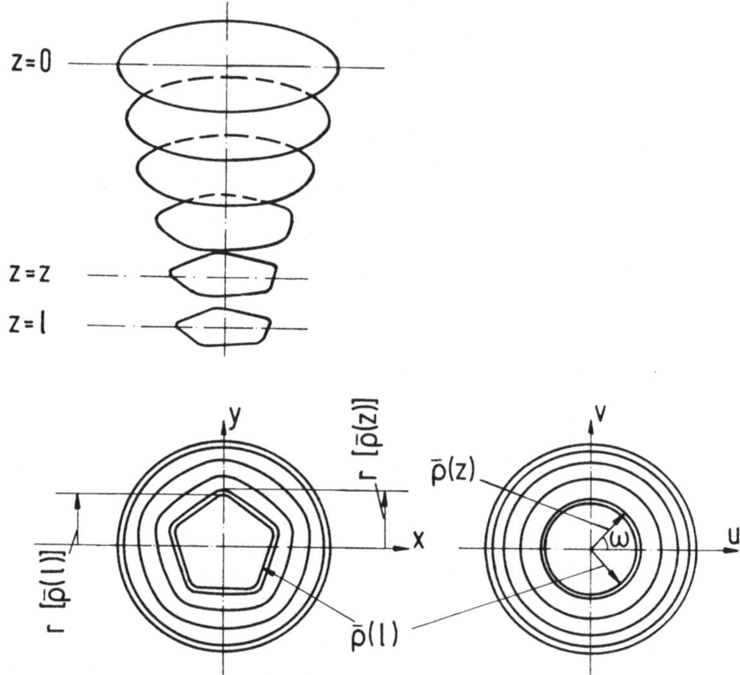

Bild 3: Durch konforme Abbildung transformierte Übergangsquerschnitte
zwischen kreisrundem und nichtkreisrundem Querschnitt.

In der Regel liefert die konforme Abbildung (des Endquerschnitts auf einen Kreis) einen Kreisquerschnitt, dessen Abmessung nicht mit derjenigen des Rohteils übereinstimmt. Deshalb müssen Einlaufquerschnitt und Zwischenquerschnitte mit Hilfe einer Grenzfunktion, die ebenfalls ein Polynom 4. Grades darstellt, angepaßt werden (Bild 4 a). Für die verwendete Grenzfunktion gilt:

$$g(z) = 1 + \left[C_1 \, l^2 - \frac{3(1-a_1)}{l^2} \right] z^2 + 2 \left[\frac{1-a_1}{l^3} - C_1 l \right] z^3 + C_1 z^4 \tag{8}$$

Die Konstanten a_1 und c_1 sind durch r_o, r_m, l und l_w bestimmt:

$$a_1 = r_m / r_0 \quad \text{und}$$

$$C_1 = \frac{3(1-a_1)(1-2\frac{l_w}{l})}{[1 - 6\frac{l_w}{l} + 6(\frac{l_w}{l})^2] l^4}$$

Gl.(8) muß die geometrischen Randbedingungen erfüllen:

$$g(z) = 1 \quad \text{für } z = 0$$
$$g(z) = a_1 \quad \text{für } z = l$$
$$g'(0) = g'(l) = 0$$

Die Festlegung der Zwischenquerschnittsgröße, bedingt durch den gegebenen Werkstückquerschnitt, entspricht dem Vorgehen bei Auslegung der Matrize mit stetigem Übergang bei kreisrunden Querschnittsformen, so daß die Querschnittsfläche gleich dem Ausdruck $\pi \, f(z)^2$ ist, d. h. für jeden Zwischenquerschnitt gibt es nur einen einzigen Wert von $\bar{\varrho}$, der zur Berechnung der Koordinaten in Gl. (7 a, b) notwendig ist. Das verwendete Polynom 4. Grades hat folgende Form:

$$f(z) = 1 + \left[C_2 \, l^2 - \frac{3(1-a_2)}{l^2} \right] z^2 + 2 \left[\frac{1-a_2}{l^3} - C_2 l \right] z^3 + C_2 z^4 \tag{9}$$

mit: $a_2 = r_1 / r_0$

$$C_2 = \frac{3(1-a_2)(1-2\frac{l_w}{l})}{[1 - 6\frac{l_w}{l} + 6(\frac{l_w}{l})^2] l^4}$$

und muß die Randbedingungen erfüllen:

$$f(z) = 1 \quad \text{für } z = 0$$
$$f(z) = a_2 \quad \text{für } z = \ell \text{ und}$$
$$f'(0) = f'(\ell) = 0$$

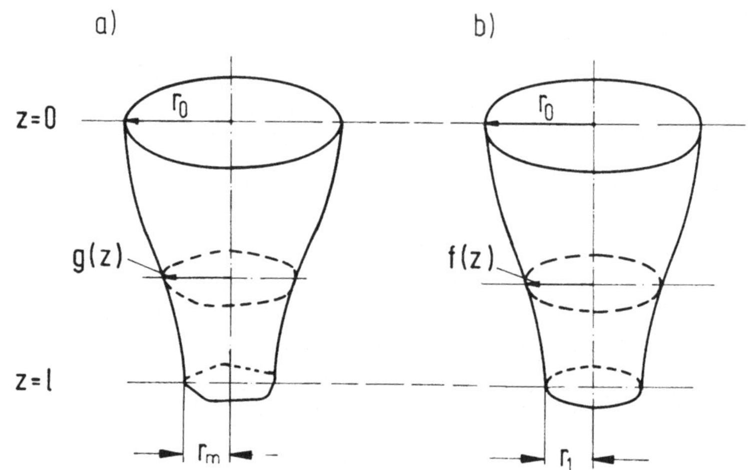

Bild 4 a, b: Kontrollfunktionen zur Anpassung der Geometrie und des
Flächeninhalts der Übergangsquerschnitte an die Strom-
linienform.

3.2   Herstellung der Matrize

Aufgrund des komplizierten Konturverlaufs und der schlanken Form des
Matrizendurchbruchs erfolgte die Herstellung der Matrize durch
Funkenerosion (Planetärerodieren).

Der Elektrodendurchmesser wurde entsprechend der seitlichen Bewegung des
Werkzeugs korrigiert, um den bei der Herstellung der Matrizen durch
Planetärerodieren gewünschten Durchmesser zu erhalten. Als Elektroden-
werkstoff wurde leicht zu bearbeitendes Elektrolytkupfer verwendet.

Die verschiedenen Stadien bei der Herstellung der Matrize für kreisrunde bzw. nichtkreisrunde Profilquerschnitte sind in Bild 5 schematisch dargestellt.

Die von Yang [24] gewählte Matrizenlänge und Lage des Wendepunktes der Matrizenkontur wurde bei der durchgeführten Matrizenauslegung übernommen: Matrizenlänge l = 50 mm und Abstand des Wendepunktes vom Matrizeneinlauf l_W = 0,5 l.

3.2.1 Kreisrunde Matrize

Bei kreisrunden Matrizen, die rotationssymmetrische Körper darstellen, genügt es, zur Auslegung des gesamten Matrizeninnenwandverlaufs nur die Kurvenkoordinaten in einem Längsschnitt durch die Matrize zu berechnen.

Anhand der in Abschnitt 3.1.1 angegebenen Gleichungen wurden die Kurvenkoordinaten der Matrizenkontur für die Umformgrade φ = 1,0; 1,25; 1,35; 1,56; 1,68 und 1,80 mit Hilfe eines Rechnerprogramms bestimmt. Damit wurden die Kopierschablonen hergestellt, die zur Fertigung der Erodierelektroden auf der Drehmaschine benötigt wurden (s. Bild 5). Im erodierten Zustand ist die Oberflächengüte der Matrize noch nicht ausreichend. Um metallischen Kontakt zwischen Werkstück und Werkzeug und damit Kaltverschweißungen an Fließpreßteil und Werkzeug zu vermeiden, wurde die Innenkontur der Matrizen im Anschluß an das Erodieren poliert.

3.2.2 Nichtkreisrunde Matrize

Die Herstellung der Erodierelektroden für nichtkreisrunde Profilquerschnitte wurde auf einer 5-Achsen-NC-Fräsmaschine am Institut für Steuerungstechnik der Werkzeugmaschinen und Fertigungseinrichtungen (ISW) der Universität Stuttgart durchgeführt.

Gleichzeitig mit der Auslegung der Matrizenkontur anhand der in Abschnitt 3.1.2 angegebenen Gleichungen wurden im Rechnerprogramm die ermittelten geometrischen Daten der Matrizenkurve auch als Teileprogramm für die numerische Steuerung der 5-Achsen-NC-Fräsmaschine vorbereitet. Hierzu wurden aus der berechneten Matrizeninnenkontur die Koordinaten der Werkzeugspitze (Fräserspitze) in x-, y- und z-Richtung sowie die

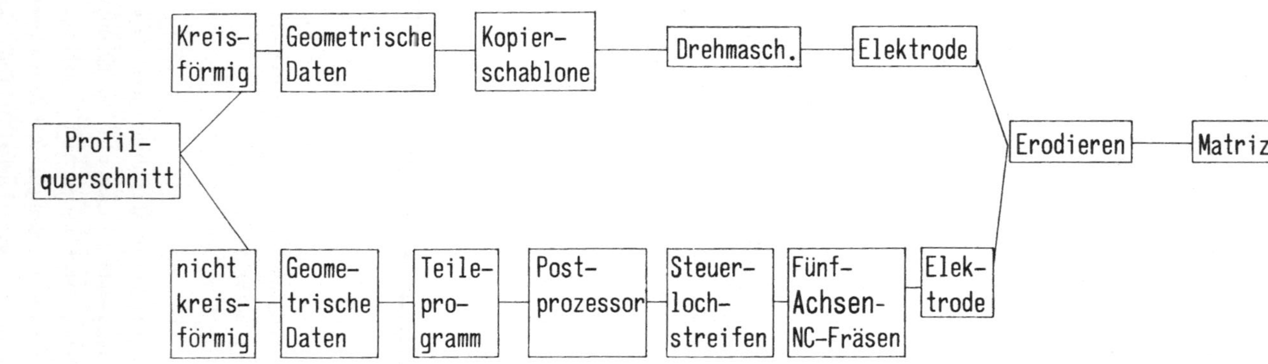

Bild 5: Herstellungsschema der Matrizen für kreisrunde und nichtkreisrunde Profilquerschnitte.

Komponenten des Einheitsvektors XNORM, YNORM und ZNORM für die diskreten Punkte bestimmt. Bild 6 zeigt eine 3-D Darstellung der berechneten Matrizenkonturen bzw. Fräserbahnen für verschiedene Querschnittsformen.

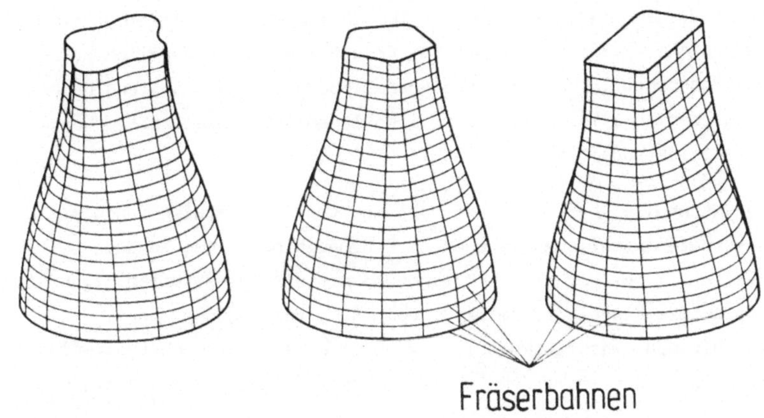

Bild 6: 3-D Darstellung der berechneten Matrizenkontur für unterschiedliche Profilquerschnitte.

Die Ergebnisse der Teileprogrammierung-X, Y, Z, XNORM, YNORM und ZNORM- mußten in einem Nachbearbeitungsprogramm (Postprozessor-D5) an die spezielle NC-Fertigungseinheit angepaßt werden. Dieses beinhaltet die Transformation der Werkstückkoordinaten in die Maschinenkoordinaten unter Berücksichtigung des geometrischen Aufbaus der Maschine und der Zuordnung der Maschinenachsen. Außerdem wurde durch den Postprozessor kontrolliert, ob die Maschinenkoordinaten und Werkzeugvorschubbewegungen noch innerhalb der zulässigen Grenzen der Maschine liegen. Die durch den Postprozessor transformierten Maschinenkoordinaten wurden auf einen Steuerlochstreifen als Datenträger für die numerische Steuerung (CNC) der 5-Achsen-NC- Fräsmaschine übertragen.

Die Herstellung der Kupferelektrode wurde in zwei Arbeitsgänge unterteilt. Im ersten Arbeitsgang, dem Vorfräsen, wurde eine Zwischenform mit 10 Fräserbahnen über der gesamten Werkstücklänge angefertigt (Werkzeugvorschub 50 mm/min). Die Fräsrillentiefe nach diesem Arbeitsgang

betrug ca. 2 bis 2,5 mm bei einem Abstand von 5 mm zwischen zwei
Fräserbahnen. Beim zweiten Arbeitsgang, dem Nachfräsen, wurde die Anzahl
der Fräserbahnen je nach Werkstückquerschnittsform zwei bis vier Mal
größer gewählt; der Werkzeugvorschub wurde auf 35 bis 40 mm/min
reduziert. Die hergestellten Erodierelektroden weisen bei 40 Fräserbahnen
eine Fräsrillentiefe von ca. 0,5 mm auf, wobei der Abstand zwischen zwei
Fräserbahnen 1,25 mm beträgt. Zur Beseitigung der Fräsrillen auf der
Elektrodenoberfläche muß diese anschließend von Hand spanend nachbearbei-
tet werden. Die Täler der Fräsrillen legen dabei die Oberflächenkontur der
Erodierelektrode fest.

Die Nachteile bei der Herstellung von Erodierelektroden mit der
verwendeten numerisch gesteuerten Fräsmaschine liegen in der aufwendigen
Bereitstellung der großen Datenmenge mittels Lochstreifen, z. B. für eine
Matrize mit Kleeblattform wird bei 40 Fräserbahnen über die zu
bearbeitende Werkstücklänge $1 = 50$ mm eine Steuerlochstreifenlänge von
ca. 1500 m benötigt.

In Bild 7 sind die Erodierelektroden für die verschiedenen untersuchten
Profilquerschnitte dargestellt.

Bild 7: Erodierelektroden zur Herstellung nichtkreisrunder Matrizen.

4   Versuchseinrichtungen und Versuchsdurchführung

4.1   Versuchswerkzeug

Das Versuchswerkzeug wurde unter den vorgegebenen Auslegungsdaten
konstruiert:

- Bohrungsdurchmesser des Aufnehmers d_i = 40 mm
- Gesamthöhe des Aufnehmers h_{ges} = 300 mm
- zulässiger Innendruck des Werkzeugs $p_{i\ zul}$ = 1800 N/mm^2 = 18 kbar

Bedingt durch die vielfältigen Variationen des Umformgrades und des
Profilquerschnitts, wurde im konstruktiven Aufbau des Werkzeugs auf
Austauschbarkeit des Matrizeneinsatzes bei vertretbarem Zeitaufwand
geachtet.

Der Aufbau des Werkzeugs ist in Bild 8 dargestellt. Es besteht aus:

- Stempel, der sich im Werkzeugoberteil über eine Druckplatte
  gegen einen Kraftmeßkörper abstützt, über den vorspannungsfrei
  der axiale Kraftfluß geleitet wird
- Matrizenaufnehmer
- Statischem Dichtungselement
- Matrizeneinsatz
- Vorspanneinrichtung
- Auswerfer.

Durch die Einbauelemente - Matrizeneinsatz und statisches
Dichtungselement - und unter Berücksichtigung der Säulenhöhe des
Druckmediums reduziert sich die nutzbare Höhe des Aufnehmers auf 160 mm.
Diese Höhe begrenzt die maximale Rohteillänge auf l_o = 160 mm, wodurch
sich bei einem Ausgangsdurchmesser von d_o = 39,3 mm ein maximales Rohteil-
verhältnis $l_o/d_o \approx$ 4,0 ergibt.

Zum Erzielen einer genügend hohen Vorspannung in radialer Richtung des
Matrizeneinsatzes sowie in axialer Richtung des Werkzeuges bzw. des
statischen Dichtungselementes, wurde das Werkzeug mit einer zentralen
Vorspanneinrichtung ausgerüstet.

Das Versuchswerkzeug mußte an mehreren Stellen des Druckraumes, teilweise unter Zuhilfenahme spezieller Dichtungselemente, abgedichtet werden.

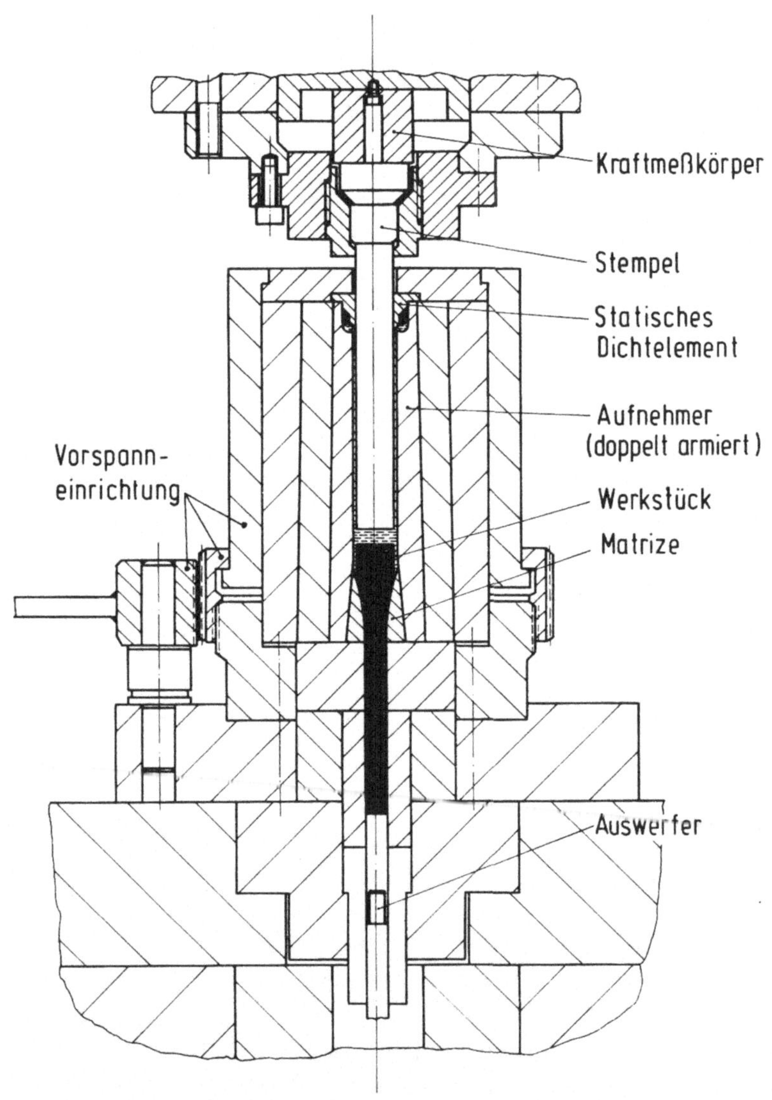

Bild 8: Prinzipielle Darstellung des Versuchswerkzeugs.

Mit Rücksicht auf den Auswerferhub kann die Schaftlänge der gepreßten
Teile maximal 265 mm betragen. Die Auswerfer einschließlich der Führung
sind austauschbar, damit eine Abstimmung auf die verschiedenen Werk-
stückdurchmesser bzw. Werkstückquerschnittsformen erfolgen kann.

Bild 9 zeigt das zusammengebaute Versuchswerkzeug.

Bild 9: Eingebautes Versuchswerkzeug für das hydrostatische Fließpressen.

4.1.1 Matrizenaufnehmer

Der Aufnehmer wurde zweifach armiert, damit er der zu erwartenden hohen
Beanspruchung ($p_{i\,zul}$ bis 18 kbar) bei geringen Abmessungen standhält.
Die Armierung des Aufnehmers erfolgt von außen nach innen mit einem relativen Haftmaß ξ = 7 ‰ zwischen Aufnehmer und erstem Armierungsring und
ξ = 4 ‰ zwischen erstem und zweitem Armierungsring. Der Außendurchmesser
des Schrumpfverbandes beträgt d_a = 200 mm. Am oberen Ende des Aufnehmers
ist eine Ausdrehung (d = 52,6 mm) für die Aufnahme des statischen Dichtungselementes vorhanden. Der untere Bereich der Bohrung,zur Aufnahme des
Matrizeneinsatzes,ist kegelig ausgebildet (Öffnungswinkel 2α = 10° und
Höhe 72 mm).

Für den Aufnehmer und die Armierungsringe wurden folgende Werkstoffe verwendet:

Aufnehmer:	X 155 CrVMo 12 1	(Werkst.Nr. 1.2379), HRc 60
1. Armierungsring:	X 40 CrMoV 51	(Werkst.Nr. 1.2344), HRc 54
2. Armierungsring:	X 40 CrMoV 51	(Werkst.Nr. 1.2344), HRc 46

4.1.2 Matrizeneinsatz

Die Länge des formgebenden Teils der Matrizen wurde mit ℓ = 50 mm bestimmt (s. Kap. 3). Unter Berücksichtigung der Abdichtung des Druckraumes zwischen Werkstück und Matrize zu Beginn des Preßvorgangs wurde die Gesamtlänge des Matrizeneinsatzes auf 65 mm festgelegt (Bild 10).

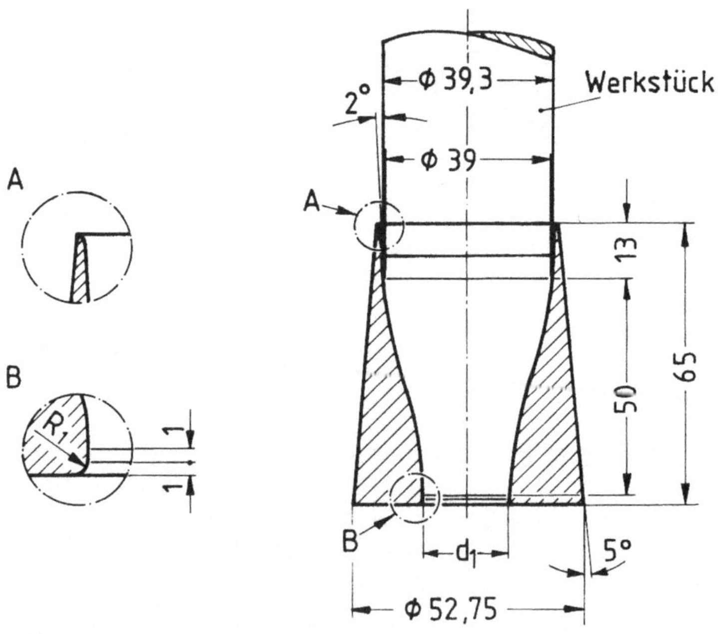

Bild 10: Verwendete Matrize mit stetigem Übergang.

Dem formgebenden Bereich der Matrize ist (auf der Einlaufseite) eine kegelige Einlaufzone vorgeschaltet (Kegelwinkel $2\alpha = 4^{\circ}$ und Länge 13 mm). Aufgabe der Einlaufzone ist es, den Druckraum zwischen dem kreiszylindrischen Rohteil und der Matrize in der ersten Phase des Preßvorgangs, in der der Druck aufgebaut wird, abzudichten. Außerdem wird bei diesem kleinen Winkel bereits frühzeitig der Umformvorgang eingeleitet und zwar mit niedrigen Umformgraden. Nach den Gln. (1 a) und (1 b) bildet sich wegen der kleineren mittleren Fließspannung k_{fm} bereits bei niedrigeren Rohteilgeschwindigkeiten ein Flüssigkeitskeil aus.

Im Rahmen der Untersuchungen wurden die Werkstücke nicht vollständig durchgepreßt, sondern nach Beendigung des Preßvorgangs mit Hilfe eines Auswerfers ausgestoßen. Zur Vermeidung metallischen Kontakts zwischen Matrize und Werkstücken wurde die Auslaufzone der Matrizen mit einer kurzen Kalibrierstrecke bzw. einem Radius versehen (s. Bild 10, Ausschnitt B). Zum Abdichten des Druckraums zwischen Matrize und Aufnehmer wurde die Matrizenaußenform entsprechend der Öffnung des Aufnehmers mit einem Kegelsitz mit Neigungswinkel $\alpha = 5^{\circ}$ versehen. Der Matrizeneinsatz wird beim Zusammenbau des Werkzeuges in den Aufnehmer eingesetzt und mit Hilfe der zentralen Vorspanneinrichtung des Gesamtverbandes gegen die Werkzeuggrundplatte axial und radial vorgespannt.

Das mittlere relative Haftmaß zwischen Matrizeneinsatz und Aufnehmer beträgt $\xi_m = 4,6$ ‰. Aufgrund unterschiedlicher Durchmesserverhältnisse beträgt das relative Haftmaß am oberen Ende der Matrize $\xi = 5,3$ ‰ und $\xi = 3,9$ ‰ am unteren Ende. Schwierigkeiten bereitete die Anwendung von dünnwandigen Matrizeneinsätzen. Diese zeigen zwar Vorteile bei der Abdichtung zwischen Matrize und Aufnehmer durch den relativ scharfkantigen Übergang an der Matrizenoberkante, neigen aber beim Einbau in den Aufnehmer und nach anschließender Vorspannung sehr leicht zum Versagen durch Bruch. Dieses Versagen ist eine Folge der auf der Einlaufseite auftretenden hohen Spannungen, bedingt durch die geringe Wanddicke. Zur Abhilfe wurde am oberen Ende der Matrize ein radienförmiger Übergang angebracht (s. Bild 10, Ausschnitt A).

In Bild 11 sind die Matrizen für die verschiedenen Profilquerschnitte für den Umformgrad $\varphi = 1,25$ dargestellt.

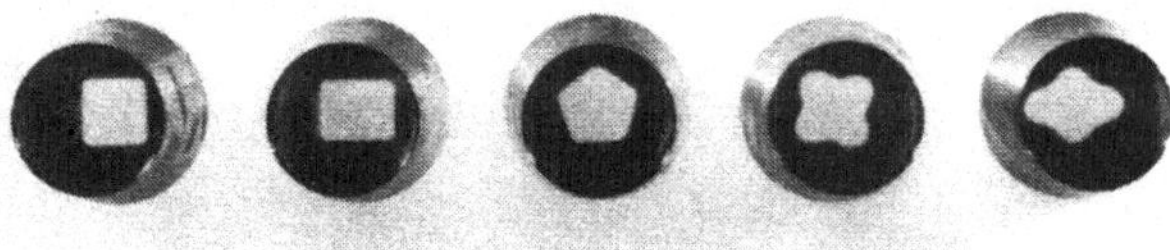

Bild 11: Matrizeneinsätze für nichtkreisrunde Werkstückquerschnitte.

4.1.3 Dichtungen

Die abzudichtenden Stellen des Druckraumes befinden sich,wie in Bild 12
gezeigt, zwischen:

- Aufnehmer und Matrize
- Rohteil und Matrize sowie zwischen
- Stempel und Aufnehmer.

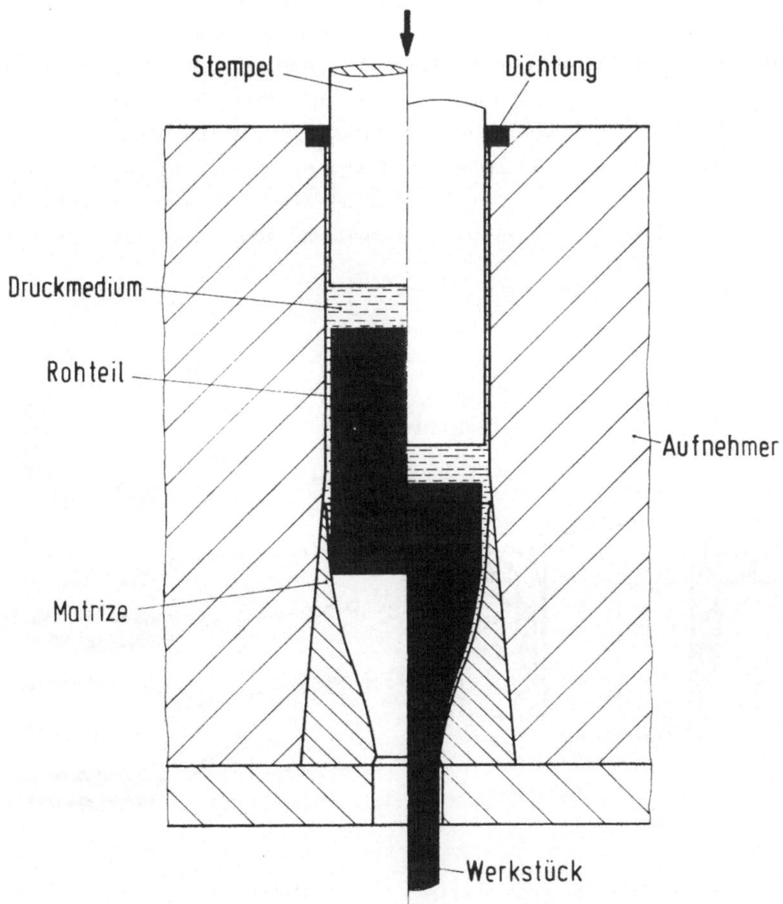

Bild 12: Abdichtung des Druckraumes beim hydrostatischen Fließpressen .

Die Abdichtung zwischen Aufnehmer und Matrize erfolgt ohne zusätzliche Dichtungselemente und nur durch die beim Zusammenbau von Matrize und Aufnehmer aufgebrachte Vorspannung in axialer und radialer Richtung.

Nach unten wird der Druckraum zwischen Rohteil und Matrize durch das Fließpreßteil selbst abgedichtet, das sich beim Fließpreßvorgang an die Matrizenwand anlegt. Zu Beginn des Preßvorgangs erfolgt die Abdichtung durch das scharfkantige Rohteil und den kegeligen Einlaufbereich im oberen Teil der Matrize (s. auch Bild 10).

Ein statisches Dichtungselement (Bild 13) dient zum Abdichten des Druckraumes zwischen Stempel und Aufnehmer. Zu Beginn des Preßvorgangs, während des Eintauchens des Stempels in den Aufnehmer, erfolgt die Abdichtung des Druckraumes zwischen Stempel und Dichtungselement durch das Anlegen der Stahlhülse an den Stempel (Hülsenbohrung ist etwas kleiner als Stempeldurchmesser). Mit größer werdendem hydrostatischem Druck wird auch die Stahlhülse durch den Flüssigkeitsdruck stärker gegen den Stempel gepreßt; die Abdichtung zwischen Stempel und Dichtungselement ist dadurch

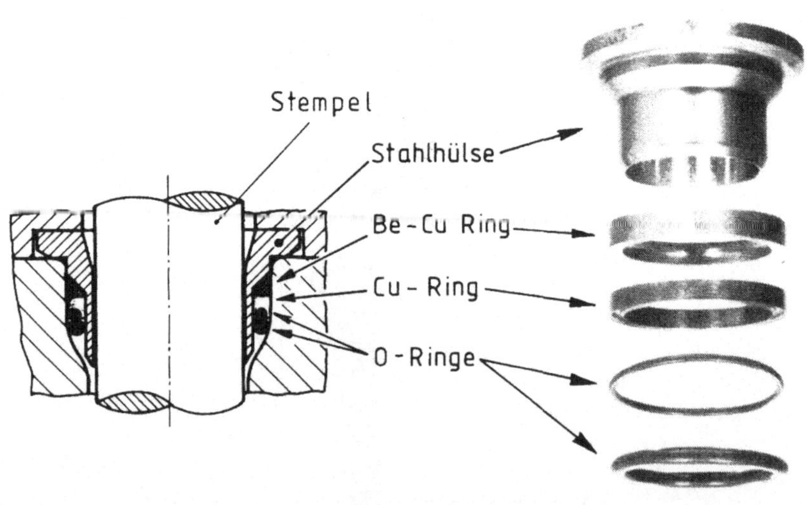

Bild 13: Aufbau des statischen Dichtelementes.

gewährleistet. Die Stahlhülse wurde aus Stahlwerkstoff Ck 60 gefertigt und auf eine Zugfestigkeit R_m = 1200 N/mm^2 vergütet. Zum besseren Abdichten und zur Verringerung der Reibung zwischen Stempel und Stahlhülse wurde die Bohrungsinnenfläche geschliffen.

Das Abdichten des Druckraumes zur Aufnehmerbohrung hin erfolgt mit Hilfe eines Delta-Rings, eines U-förmigen Kupferrings und zweier O-Ringe (Bild 13). Der Deltaring, als Stützring, wurde aus Berylliumkupfer hergestellt, um die Verdrängung des U-förmigen Kupferrings in den Spalt zwischen Aufnehmer und Stahlhülse zu verhindern.

Damit die Standzeit des gesamten Dichtungssystems nicht von der Lebensdauer der O-Ringe abhängig ist, wurde die Funktion des Systems durch die Anwendung des U-förmigen Kupferrings verbessert. Zu Beginn des Preßvorgangs steigt der hydrostatische Druck an; zu diesem Zeitpunkt wird der Druckraum mit Hilfe der O-Ringe abgedichtet. Gleichzeitig verformen sich die O-Ringe und werden in die U-förmige Vertiefung des Kupferrings gedrückt. Beim weiteren Pressen wird der hohe Flüssigkeitsdruck durch die O-Ringe an den Kupferring weitergegeben. Dadurch gehen die Schenkel des U-förmigen Kupferrings auseinander und werden gegen Aufnehmerbohrung und Stahlhülse gedrückt. Es hat sich gezeigt, daß nach mehreren Preßvorgängen (abhängig von der Höhe des Flüssigkeitsdruckes) der U-förmige Kupferring fest gegen Aufnehmerbohrung und Stahlhülse drückt. Somit ist gewährleistet, daß der Druckraum zu Beginn und während des Preßvorgangs- auch bei verschleißenden O-Ringen - zuverlässig abgedichtet wird. Der U-förmige Kupferring wurde aus Elektrolytkupfer hergestellt.

Zur Verhinderung von Unsicherheiten beim Abdichten infolge elastischer Aufweitung von Aufnehmerbohrung und Stahlhülse durch hohen hydraulischen Druck, wird der Kupferring in den Spalt zwischen Stahlhülse und Auf- nehmerbohrung mit geringem Übermaß eingepreßt.

Die verwendeten O-Ringe aus Fluorelastomer Viton weisen Härtewerte von 70 Shore auf.

4.1.4 Messen von Stempelweg und Stempelkraft

Zur Kraftmessung wurde ein mit Dehnungsmeßstreifen bestückter Kraft- meßkörper (Maximalkraft von 3150 kN) verwendet. Dieser wurde oberhalb des Stempels - im direkten Kraftfluß liegend - im Werkzeug eingebaut.

Zur Messung des Stempelwegs diente ein induktiver Weggeber mit einem Meßweg von ± 100 mm (Fabrikat Hottinger, Typ W 100). Die Signale der Meßwertaufnehmer wurden in Trägerfrequenzmeßverstärkern (Fabrikat Hottinger, Typ KWS 3083) in analoge Spannungen umgewandelt, verstärkt und gleichgerichtet. Die Registrierung der Stempelkraft in Abhängigkeit vom Stempelweg erfolgte mit Hilfe eines x-y-Schreibers (Fabrikat Hewlett-Packard, Typ 700 4 B).

4.2 Umformmaschine

Für die Versuche stand eine dreifach wirkende hydraulische Presse (Fabrikat SMG, Typ HZPUI 300/300 - 1300/1000) mit einer Nennkraft von 6000 kN zur Verfügung. Die Stempelgeschwindigkeit betrug 55 mm/s.

4.3 Versuchswerkstoffe und Rohteilvorbereitung

Für die Durchführung der Untersuchung wurden die Aluminiumlegierung AlMgSi 1 und der unlegierte Stahl Ck 15 ausgewählt. Die chemische Zusammensetzung der Werkstoffe ist in Tabelle 2 angegeben.

Tabelle 2: Chemische Zusammensetzung (nach Hersteller-Angaben).

AlMgSi 1	Si	Fe	Cu	Mn	Mg	Cr	Zn	Ti	Al
Anteil in%	0.70 1.30	0.50	0.10	0.40 1.00	0.60 1.20	0.25	0.20	0.10	Rest

Ck 15	Si	Mn	P	C	S	Fe
Anteil in%	0.17	0.60	0.014	0.18	0.025	Rest

Die Fließkurven der Versuchswerkstoffe wurden im Zylinderstauchversuch zwischen ebenen parallelen Stauchbahnen aufgenommen. Die verwendeten

Proben weisen einen Ausgangsdurchmesser d_o = 10 mm und eine Ausgangshöhe h_o = 16 mm auf. In Bild 14 und 15 sind die im Versuch ermittelten Fließkurven für die Werkstoffe AlMgSi 1 und Ck 15 dargestellt.

Im Zylinderstauchversuch können Fließkurven bis zu einem Umformgrad $\varphi \approx 0,7$ aufgenommen werden. Das entspricht einer Stauchung der Probe auf die halbe Ausgangshöhe. Bei größeren Umformgraden werden die Fließspannungswerte durch den zunehmenden Einfluß der Reibung, die zu einem Ausbauchen führt, stark verfälscht. Da die Umformgrade bei den Versuchen zum hydrostatischen Fließpressen wesentlich höher liegen, mußten die Fließkurven extrapoliert werden. Dies erfolgte mit Hilfe des Ludwik-Ansatzes [31], nachdem sichergestellt war, daß die experimentell ermittelten Fließkurven für $\varphi \leq 0,7$ durch diesen Ansatz zutreffend wiedergegeben werden. Die Fließkurvenverläufe, sowohl für den Werkstoff AlMgSi 1 als auch für Ck 15 in doppeltlogarithmischer Darstellung, ergeben sich als Geraden. Der verwendete Ludwik-Ansatz sieht wie folgt aus:

$$k_f = C \, \varphi^{\,n} \tag{10}$$

Dabei stellt C die Fließspannung bei φ = 1 und n den Verfestigungsexponenten dar. Für die Versuchswerkstoffe wurden die in Tabelle 3 angegebenen Werte der Konstanten C und n ermittelt.

Tabelle 3: Werte der Konstanten C und n in Gl. (10) der Versuchswerkstoffe.

Werkstoff	C in N/mm²	n
AlMgSi 1	230	0,11
Ck 15	750	0,09

Die mechanischen Eigenschaften der Versuchswerkstoffe AlMgSi 1 und Ck 15 wurden im Zugversuch an kurzen Proportionalstäben B 6 x 30 nach DIN 50 125 und im Zylinderstauchversuch ermittelt. Sie sind in Tabelle 4 angegeben.

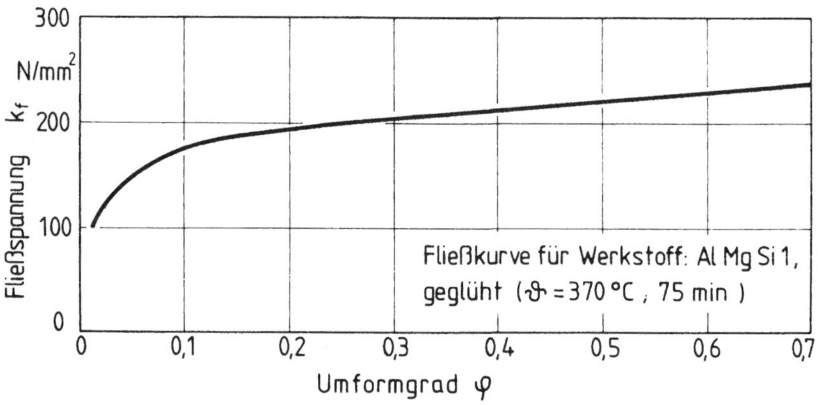

Bild 14: Fließkurve des Versuchswerkstoffs AlMgSi 1.

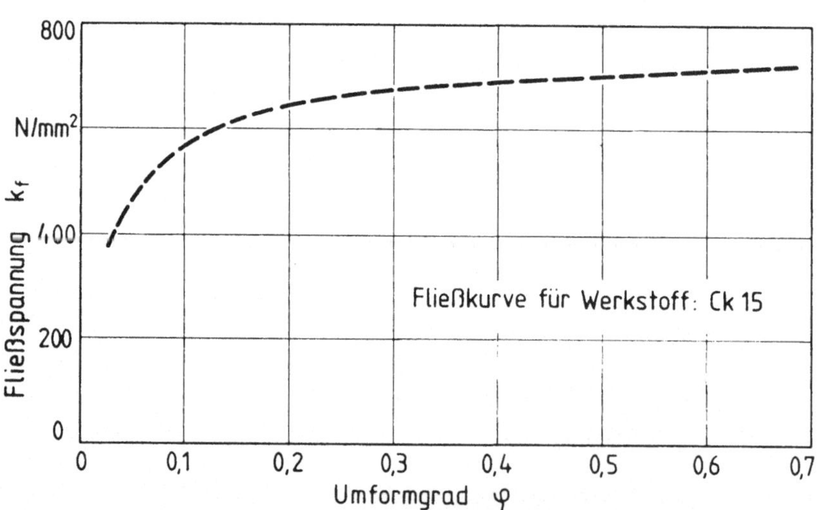

Bild 15: Fließkurve des Versuchswerkstoffs Ck 15.

Tabelle 4: Festigkeits- und Zähigkeitskennwerte der Werkstoffe AlMgSi 1 und Ck 15.

	R_m in N/mm²	$R_{p0,2}$ in N/mm²	R_{eH} in N/mm²	$\sigma_{d0,2}$ in N/mm²	σ_{dF} in N/mm²	Z in %	A_5 in %	A_g in %
AlMgSi 1	145,3	87,6	-	82,5	-	63,0	27,5	18,4
Ck 15	487,6	-	307,5	-	360	63,2	30,6	21,1

Die Rohteile, die nicht mehr angespitzt werden müssen, wurden aus Stababschnitten gedreht und weisen eine zum Zylindermantel senkrechte Stirnfläche auf (s. Bild 26). Zur Untersuchung des Einflusses der Rohteillänge auf den Kraft- bzw. Druckbedarf wurden die Rohteile mit den Längen von 100 mm, 140 mm und 160 mm hergestellt, entsprechend einem Verhältnis von $l_o/d_o \approx 2,5$; 3,5 und 4,0. Ein Rohteilverhältnis größer als 4,0 war mit dem verwendeten Preßwerkzeug nicht realisierbar (s. Abs. 4.1).

Entsprechend den Angaben in [13] wurde der einseitige Spalt zwischen Rohteil und Aufnehmer zu 0,35 mm gewählt; daraus ergibt sich bei einem Aufnehmerdurchmesser von 40 mm ein Rohteildurchmesser von d_o = 39,3 mm.

4.4   Druckmedium und Schmierstoffe

Zur Ausbildung der günstigsten Reibungsbedingungen zwischen Werkstück und Matrize ist die Verwendung einer optimalen Schmierung unbedingt erforderlich.

Die Auswahl des Druckmediums und des Schmierstoffs wurde unter Berücksichtigung mehrerer Gesichtspunkte durchgeführt. Besondere Beachtung wurde dabei der Vermeidung der oft beim hydrostatischen Fließpressen auftretenden Druckspitze zu Beginn des Preßvorgangs geschenkt, die häufig auch zu Druckschwankungen im weiteren Verlauf des Vorgangs führt. Weitere Gesichtspunkte sind die Forderung nach einfacher Handhabung, nach gleichzeitiger Verwendung des Druckmediums als Schmierstoff in der Umformzone und nach einer niedrigen hydrostatischen Preßkraft während des gesamten Vorgangs, sowie die Haftfähigkeit und Trennfähigkeit des Schmierstoffs.

Bild 16 zeigt den Verlauf des hydrostatischen Druckes in Abhängigkeit vom Stempelweg für den Werkstoff Ck 15. Die Versuche wurden mit Rizinusöl als Druckmedium und ohne Zusatzschmierstoff durchgeführt. Die Rohteile wurden mit Zinkphosphat als Schmierstoffträger überzogen. Der Druck-Weg-Verlauf ist durch eine ausgeprägte Druckspitze und Druckschwankungen, die auf sogenannte Stick-Slip-Erscheinungen hinweisen, gekennzeichnet.

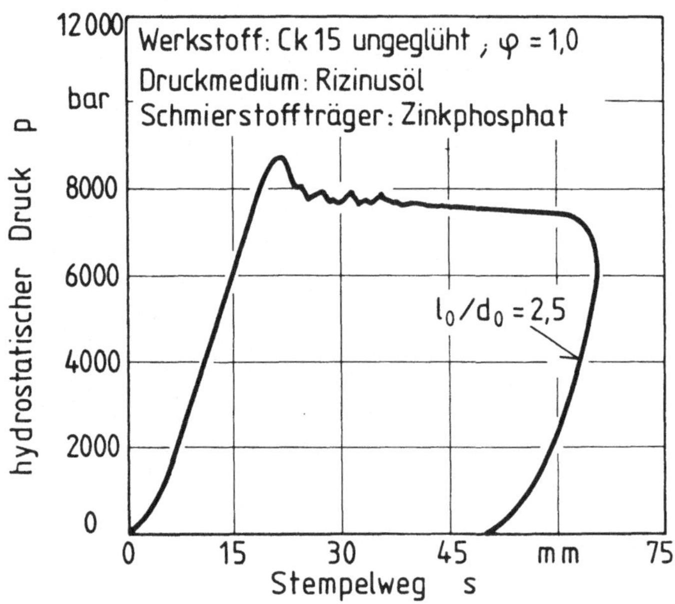

Bild 16: Druckspitze und Druckschwankungen beim hydrostatischen Fließpressen.

Die Druckspitze wird durch Haftreibung zwischen Werkstück und Werkzeug infolge von Mangelschmierung zu Beginn des Preßvorgangs verursacht. Sobald sich ein tragfähiger Schmierstoffilm zwischen Werkstück und Matrize ausgebildet hat, geht beim weiteren Verlauf des Preßvorgangs die Haftreibung zur Gleitreibung über. Die Folge ist ein Abbau der Druckspitze bis auf einen mittleren Druck zur Aufrechterhaltung des Preßvorgangs. Die durch die Haftreibung verursachte Druckspitze kann für größere Querschnittsänderungen bis auf das Doppelte des mittleren Druckbedarfs ansteigen, wodurch im Fließpreßwerkzeug, z. B. im Aufnehmer, Matrizeneinsatz oder in statischen Dichtungselementen, Beschädigungen hervorgerufen werden können.

Iyenger und Rice [10] schlugen zur Vermeidung der Stick-Slip-Erscheinungen die Erhöhung der Rohteilgeschwindigkeit vor. Da die Stößelgeschwindigkeit der zur Versuchsdurchführung verwendeten Umformmaschine nicht beliebig vergrößert werden kann, wurde versucht, Stick-Slip-Erscheinungen durch Auswahl eines Druckmediums bzw. Schmierstoffes mit "günstiger" dynamischer Viskosität zu vermeiden.

Aus Gründen, die später noch dargelegt werden, mußten die Untersuchungen auf die Verarbeitung des Werkstoffs AlMgSi 1 beschränkt werden. Für die Auswahl der für diesen Werkstoff günstigsten Schmierstoffe wurde ein umfangreiches Versuchsprogramm durchgeführt (Tabelle 5).

Tabelle 5: Untersuchte Kombinationen Druckmedium, Schmierstoffträger und Schmierstoff für den Werkstoff AlMgSi 1.

Schmierung			
Druckmedium	Schmierstoff-trägerschicht	Schmierstoff	Profilquer-schnittsform
Rizinusöl	-	-	Rechteck
-"-	-	Ceplattyn BL	Rechteck
-"-	-	Bienenwachs	Rechteck
-"-	Zieh-Bonder 171	-	Kreis
-"-	-"-	Ceplattyn BL	Kreis
-"-	-"-	Ceplattyn KG 10	Kreis
-"-	-"-	Silentan Wytt	Kreis
-"-	-"-	Bienenwachs	Kreis

Für die gesamten Versuche wurde als Druckmedium beim hydrostatischen Fließpressen, wie üblich, Rizinusöl verwendet [3, 4, 15]. Bei einem Teil der Versuche diente als Schmierstoffträgerschicht Zieh-Bonder 171. Die Beschichtung der Rohteile mit Zieh-Bonder 171 wurde von der Firma Chemetall. Frankfurt durchgeführt. Bei den Schmierstoffen handelte es sich um graphithaltige Mineralöle (Ceplattyn BL und Ceplattyn KG 10), um Mineralöl mit einer Aluminium-Komplexseife als Konsistenzgeber (Silentan Wytt) und um Bienenwachs. Die Schmierstoffe Ceplattyn BL und Ceplattyn KG 10 unterscheiden sich in der Größe der Graphitpartikel (40 μm bei Ceplattyn BL und 4 μm bei Ceplattyn KG 10). Beide Schmierstoffe weisen nach Herstellerangaben (Reiner Chemische Fabrik GmbH) eine Temperaturbeständigkeit des Schmierstoffilms von - 30 °C bis + 250 °C auf. Bienenwachs wurde von Hogland [15] aus praktischer Erfahrung zum hydrostatischen Strangpressen von Aluminiumlegierungen als geeigneter Schmierstoff angegeben.

Das möglichst gleichmäßige und dünne Auftragen des aus Mineralölen bestehenden Schmierstoffes erfolgte mit Hilfe eines Pinsels. Bei den Rohteilen für die Versuche mit Bienenwachs als Schmierstoff wurde auf die Schmierstoffträgerschicht eine dünne und gleichmäßige Bienenwachsschicht aufgebracht. Dazu wurden die Rohteile auf ca. 90 °C erwärmt und in flüssiges Bienenwachs eingetaucht. Anschließend wurden die Teile bei Raumtemperatur langsam abgekühlt, so daß eine gleichmäßige und dünne Bienenwachsschicht auf den Rohteilen haften blieb.

Kerspe [6] hat für einen ähnlichen Versuchsaufbau eine Minimierung der Druckflüssigkeitsmenge zur Unterdrückung der Stick-Slip-Erscheinungen empfohlen und eine Höhe der Flüssigkeitssäule von 10 mm über der Probe angegeben. Zur Schaffung der verschärften Versuchsbedingungen wurde im Rahmen der Schmierstoffuntersuchungen mit einer Flüssigkeitssäule von 20 bis 30 mm gearbeitet. Eine weitere Verschärfung der Versuchsbedingungen wurde dadurch erreicht, daß Rechteckprofile verwendet wurden (Versuche ohne Schmierstoffträgerschicht).

Bei den Versuchen mit Rizinusöl als Druckmedium und gleichzeitig als Schmier- stoff wiesen sowohl die fließgepreßten Werkstücke bei unbehandelter Rohteil- oberfläche als auch die verwendeten Matrizen erhebliche Kaltverschweißun- gen auf. Aus diesem Grund wurde bei den weiteren Versuchen zur Ermittlung des hydrostatischen Drucks mit Rizinusöl als Druckmedium und unbehandelter Rohteiloberfläche zusätzlich ein Schmierstoff verwendet. In Bild 17 sind die Verläufe des hydrostatischen Druckes in Abhängigkeit vom Stempelweg für die Versuche ohne Schmierstoffträger bei einem Rechteckprofil mit dem Umformgrad φ = 1,25 dargestellt. Die verwendeten Schmierstoffe sind Ceplattyn BL und Bienenwachs. Es zeigt sich als wesentlicher Unterschied eine mehr oder weniger ausgeprägte Druckspitze zu Beginn des Preßvorgangs

- 51 -

für die verschiedenen Schmierstoffe. Außerdem ist zu sehen, daß im weiteren Druck-Weg-Verlauf beim Werkstoff AlMgSi 1 trotz hoher Druckspitze
keine Stick-Slip-Erscheinungen auftreten. Die Mangelschmierung zu Beginn
des Preßvorgangs führt außerdem zu einer Glättung der Oberfläche im An-
fangsbereich der gepreßten Werkstücke als Folge des metallischen Kontak-
tes zwischen Werkstück und Matrize(s.a.Bild 20).Der nach einem hohen Anfangs-
wert stetig abnehmende Druck beim Pressen mit Ceplattyn Bl wird auf die un-
vollständige Ausbildung der notwendigen Schmierungsbedingungen und die geringe

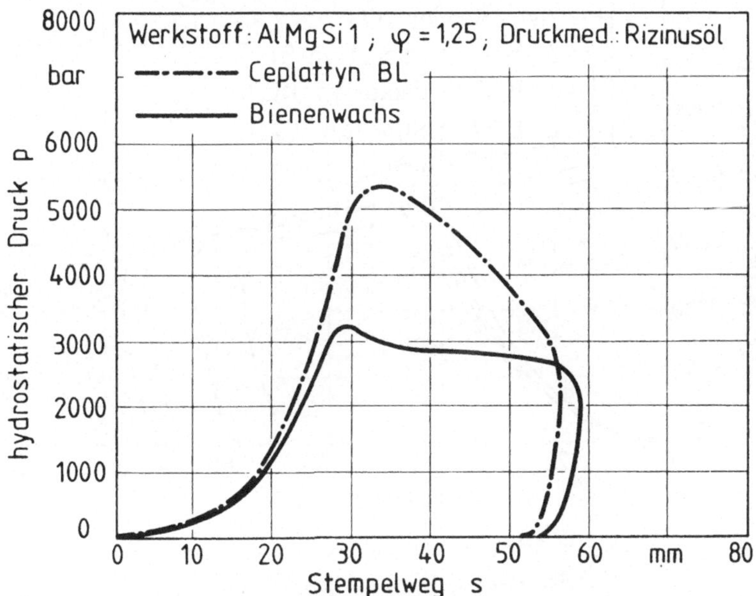

Bild 17: Einfluß des Schmierstoffs auf den Druckverlauf für unbehandelte
Rohteiloberfläche; Profilquerschnitt: Rechteck.

Haftfähigkeit des Schmierstoffilms auf der Werkstückoberfläche zurückgeführt. Dies war anhand der unregelmäßig auftretenden Kaltverschweißungen
am Fließpreßteil infolge des metallischen Kontakts deutlich zu erkennen.
Aufgrund der geringen Haftfähigkeit zwischen Werkstück und Schmierstoff,
deren Folge die ausgeprägte Druckspitze und Kaltverschweißungen am Werkstück und am Werkzeug waren, wurden die Untersuchungen im Rahmen der Auswahl von Schmierstoffen auf Mineralölbasis nicht weiterverfolgt.

In den weiteren Versuchen wurden mit Zieh-Bonder 171 überzogene Rohteile
verwendet. Die Versuche wurden mit und ohne Schmierstoffe durchgeführt.

Der Einfluß der Schmierstoffe auf Mineralölbasis auf den hydrostatischen Druckverlauf im Vergleich zum Pressen ohne Schmierstoff wurde in Abhängigkeit vom Stempelweg in Bild 18 zusammengestellt. Die Druckverläufe sind ebenfalls durch eine mehr oder weniger ausgeprägte Druckspitze gekennzeichnet, die allerdings durch die bessere Haftfähig- keit der Schmierstoffe bzw. des Druckmediums gegenüber den Versuchen ohne

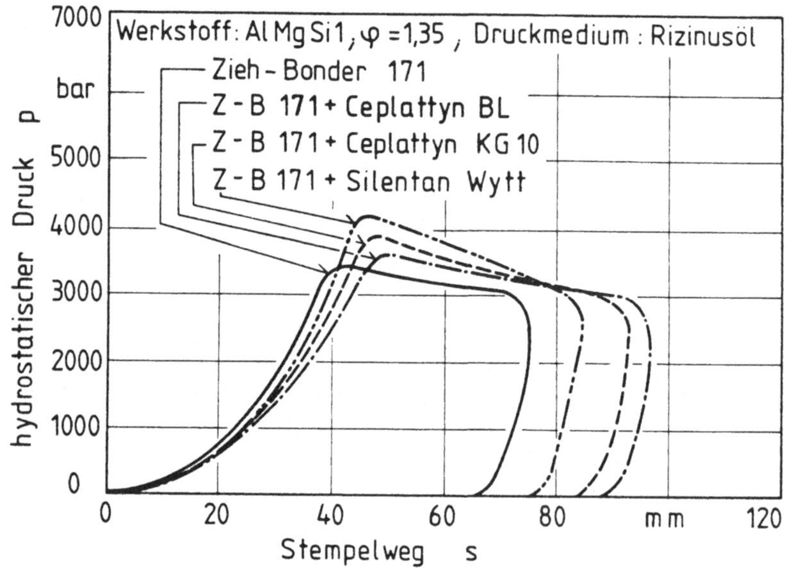

Bild 18: Einfluß des Schmierstoffs auf den Druckverlauf beim hydrostati- schen Fließpressen .

Schmierstoffträgerschicht wesentlich herabgesetzt werden konnte. Die nied- rigste Druckspitze tritt bei den Versuchen ohne Schmierstoff auf. Die ge- preßten Werkstücke weisen keinerlei Kaltverschweißungen auf. Dies spricht dafür, daß durch die Verwendung einer Schmierstoffträgerschicht die Haft- fähigkeit des Schmierstoffes bzw. des Druckmediums auf dem Werkstück ent- scheidend verbessert wird.

Die Rohteile wurden in den weiteren Versuchen mit dem Schmierstoff Bienenwachs überzogen. Die erzielten Ergebnisse sind in Bild 19 dargestellt. Zum besseren Vergleich wurde auch das Ergebnis aus den Versuchen für das hydrostatische Pressen mit Schmierstoffträger ohne Zusatzschmierstoff in diesem Bild wiedergegeben. Es zeigt sich, daß ein nahezu idealer Druck-Weg-Verlauf (keine Druckspitze bei nahezu gleichbleibendem hydrostatischem Druck während des Pressens) durch die Anwendung von Bienenwachs beim hydrostatischen Fließpressen von AlMgSi 1 erzielt werden konnte. Weiterhin zeigt Bild 19 das Ergebnis einer Kombination Bienenwachs und Schmierstoff Ceplattyn BL. Unter Beibehaltung des nahezu idealen Druck-Weg-Verlaufs konnte eine zusätzliche Verminderung des hydrostatischen Druckes über dem gesamten Preßvorgang erzielt werden.

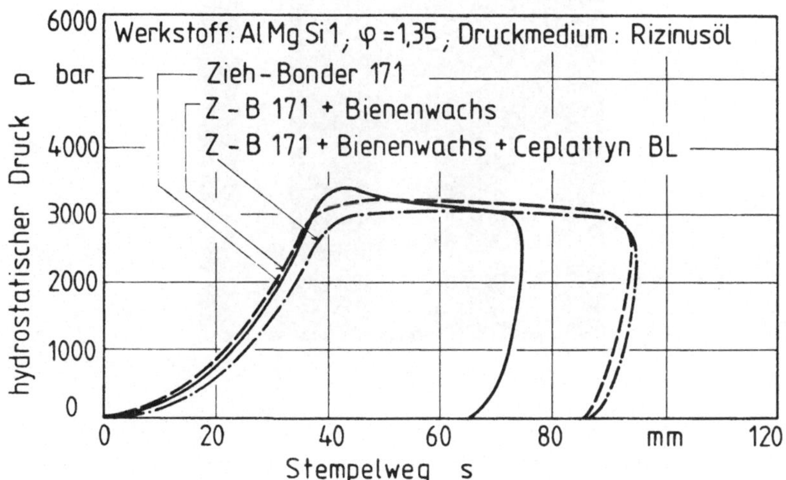

Bild 19: Einfluß des Schmierstoffs auf den Druckverlauf beim hydrostatischen Fließpressen.

In Bild 20 sind die in den verschiedenen Stadien der Schmierstoffuntersuchungen gepreßten Teile zusammengestellt. Die Teile a und b wurden ohne Vorbehandlung der Rohteiloberfläche mit dem graphithaltigen Mineralölschmierstoff Ceplattyn BL (Teil a) bzw. mit Bienenwachs (Teil b) fließgepreßt. Diese beiden, ohne Schmierstoffträgerschicht verarbeiteten Werkstücke sind einem mit Zieh-Bonder 171 vorbehandelten und mit Bienenwachs als Schmierstoff gepreßten Werkstück (Teil c) gegenübergestellt. Am Werkstück a sind die infolge des metallischen Kontakts zwischen Werkstück und Matrize auftretenden Kaltverschweißungen im Schaftbereich deutlich zu erkennen.

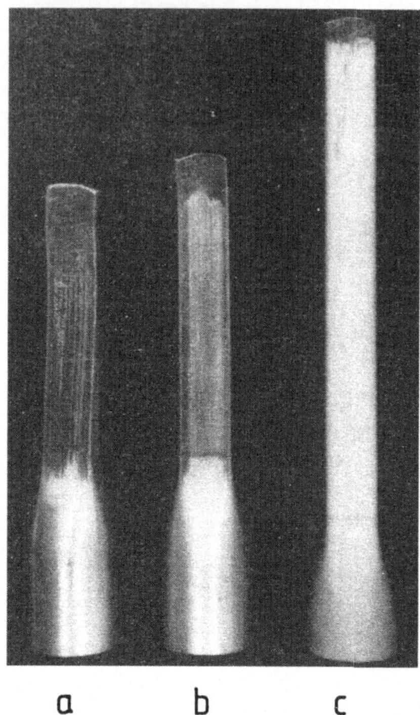

Bild 20: Hydrostatisch gepreßte Teile.
a: ohne Schmierstoffträgerschicht; Schmierstoff: Ceplattyn BL,
b: ohne Schmierstoffträgerschicht; Schmierstoff: Bienenwachs,
c: Schmierstoffträgerschicht: Zieh-Bonder 171; Schmierstoff:
Bienenwachs.

Vergleicht man die Untersuchungsergebnisse für die Werkstücke aus der Aluminiumlegierung AlMgSi 1 im Hinblick auf den einwandfreien Zustand der Werkstücke und einen möglichst idealen Druck-Weg-Verlauf, so liefert der Zusatzschmierstoff Bienenwachs für das hydrostatische Fließpressen mit Rizinusöl als Druckmedium eindeutig die besten Werte. Voraussetzung dafür ist allerdings, daß die Rohteile zur Verbesserung der Haftfähigkeit der Schmierstoffe mit einer Schmierstoffträgerschicht versehen werden. Es ist noch zu bemerken, daß beim allerersten Preßvorgang mit einer neuen Matrize trotz guter Schmierung ein leichter Kraftanstieg zu Beginn des Preßvorgangs beobachtet wurde. Zur Verhinderung dieser Erscheinung wurden die "trockenen" Matrizen vor dem ersten Preßvorgang mit Rizinusöl benetzt.

5 Umformkräfte

5.1 Experimentell ermittelte hydrostatische Drücke

Im folgenden Abschnitt soll der in den Versuchen experimentell ermittelte hydrostatische Druck in Abhängigkeit von den Parametern Werkstückwerkstoff, Rohteilverhältnis, Umformgrad und Profilquerschnitt dargestellt werden.

5.1.1 Kreisrunder Profilquerschnitt

Werkstoff Ck 15

Bei den Versuchen wurden die phosphatierten Rohteile mit Rizinusöl als Druckmedium gepreßt.

Anhand der ausgeprägten Druckspitze und der Druckschwankungen bei den Druck-Weg-Verläufen (s. auch Bild 16) ist zu erkennen, daß sich der Schmierstoffilm bzw. die notwendigen Schmierungsbedingungen in der Umform-zone durch die Anwendung dieser Schmierung für Ck 15 nicht oder nur un-vollständig ausbildeten.

In Bild 21 sind die beim Pressen von Werkstücken ermittelten maximalen und mittleren Drücke (p_{max}, p_m) in Abhängigkeit vom Umformgrad φ dargestellt. Der mittlere Druck p_m - zur Aufrechterhaltung des hydrostatischen Fließpressens, gemessen im stationären Bereich des Druck-Weg-Verlaufs - nimmt mit wachsendem Umformgrad zu. Der maximale Druck p_{max} - Druckspitze zu Beginn des Preßvorgangs - übersteigt den jeweiligen mittleren Druck mit einem Verhältnis p_{max}/p_m von 1,1 für φ = 1,0 und 1,4 für φ = 1,56.

Die Versuche mit Ck 15 wurden schließlich abgebrochen, nachdem ein Versagen beim Aufnehmer durch Längsriß infolge der hohen Druckspitze ($p_{max} \approx 18,7$ kbar bei φ = 1,56) aufgetreten war.

Werkstoff AlMgSi 1

Nach der Optimierung des Schmierstoffs und der Schmierstoffträgerschicht konnten sehr gute Reibungsbedingungen eingehalten werden. Dies ließ sich

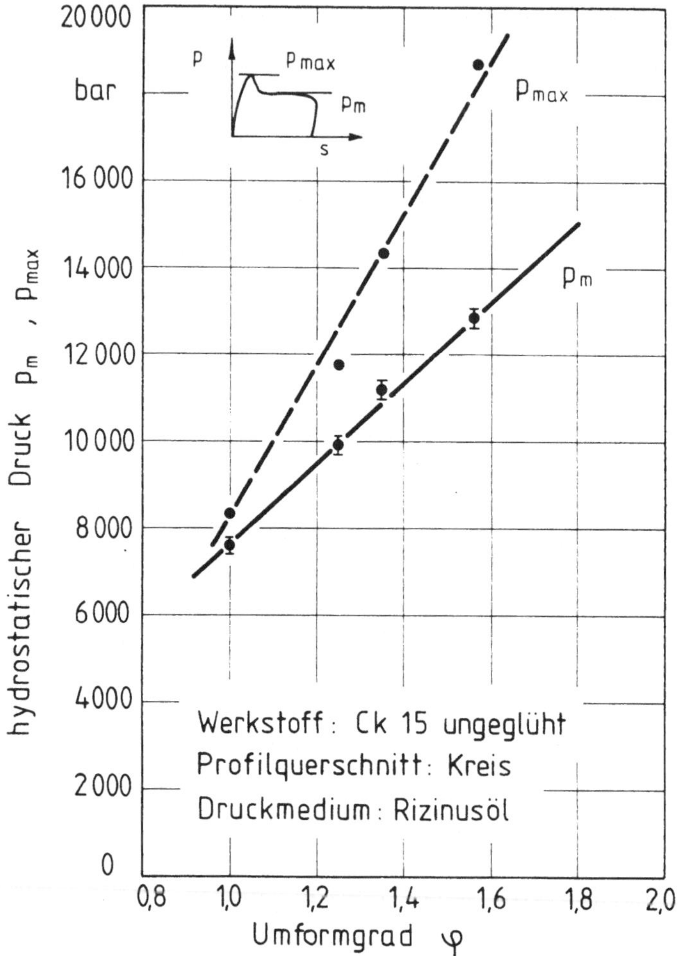

Bild 21: Mittlerer bzw. maximaler Druckbedarf für das hydrostatische
Fließpressen in Abhängigkeit vom Umformgrad (Werkstoff Ck 15).

aus den Oberflächen der gepreßten Teile, die frei von Riefen und "Rattermarken" waren und den aufgenommenen Druck-Weg-Verläufen, die weder
eine Druckspitze zu Beginn noch Druckschwankungen im weiteren Verlauf des
Preßvorgangs aufweisen, erkennen. Ein weiterer Hinweis für das
Vorhandensein einer tragfähigen Trennschicht sind die nicht vollständig
eingedrückten Markierungen infolge der Drehrillen am Schaft der
fließgepreßten Teile. Außerdem ist zu erkennen, daß an den Werkstücken -

entlang des Schaftbereichs - Reste der dünnen Bienenwachsschicht noch vorhanden sind.

In Bild 22 sind Werkstücke mit kreisrundem Profilquerschnitt für verschiedene Umformgrade (φ = 1,0 bis 1,80) dargestellt. Die Werkstücke wurden mit einer Rohteillänge l_o = 160 mm fließgepreßt, d.h. das Rohteilverhältnis betrug $l_o/d_o \approx$ 4,0.

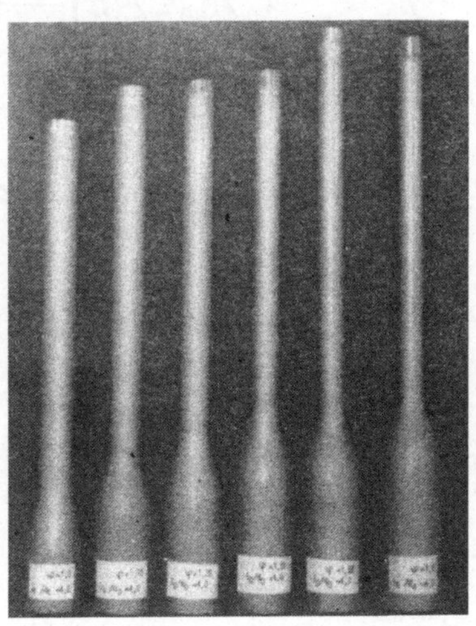

Bild 22: Werkstücke mit kreisrundem Querschnitt.

Bild 23 zeigt Druck-Weg-Verläufe für verschiedene Rohteillängen bei einem kreisrunden Profilquerschnitt und einem Umformgrad φ = 1,35. Es ist zu sehen, daß der erforderliche hydrostatische Druck von der Rohteillänge l_o bzw. dem Rohteilverhältnis l_o/d_o nicht beeinflußt wird. Dieses Ergebnis entspricht den Erwartungen beim hydrostatischen Fließpressen, da der Druck praktisch nicht von der Reibung an der Aufnehmerwand - die entscheidend von der Rohteillänge bestimmt wird - abhängig ist.

Der hydrostatische Druck in Abhängigkeit vom Umformgrad für Werkstücke mit kreisrundem Querschnitt ist in Bild 24 dargestellt. Für jeden der sechs verschiedenen Umformgrade wurden ca. 27 Versuche mit den Rohteilverhältnissen l_0/d_0 = 2,5; 3,5 und 4,0 durchgeführt. Dabei ist der

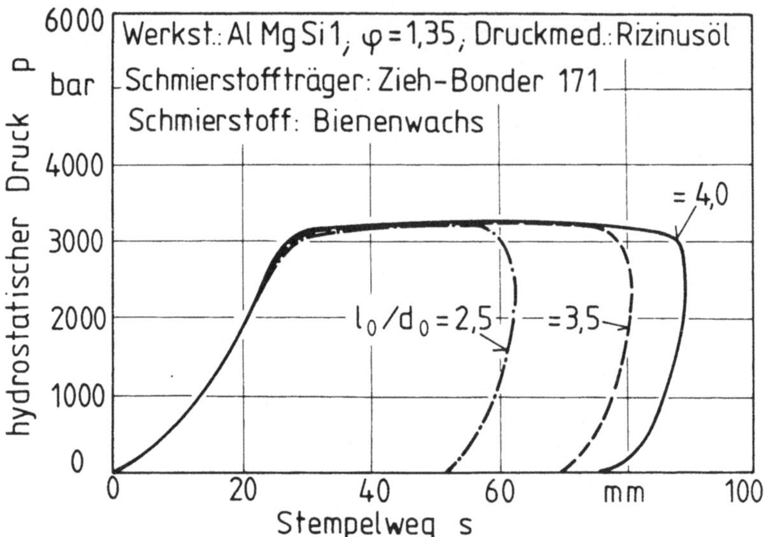

Bild 23: Druck-Weg-Verlauf beim hydrostatischen Fließpressen für verschiedene Rohteilverhältnisse (l_0/d_0 = 2,5; 3,5 und 4,0).

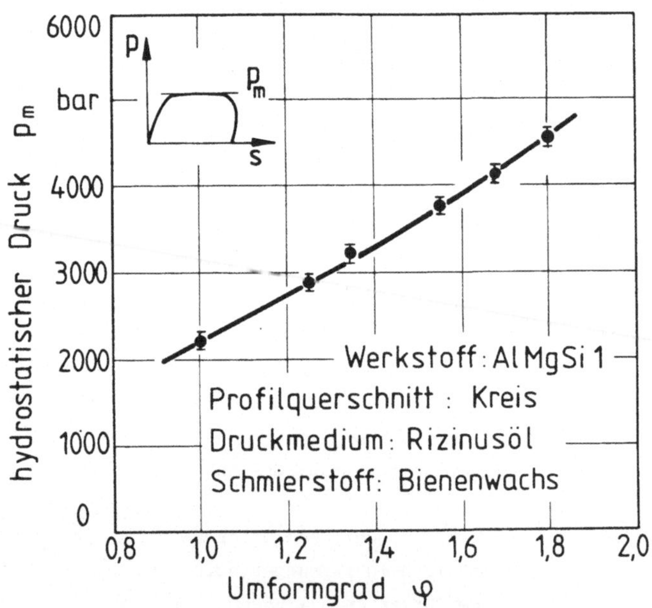

Bild 24: Mittlerer Druckbedarf für das hydrostatische Fließpressen in Abhängigkeit vom Umformgrad (Werkstoff AlMgSi 1).

hydrostatische Druck p , wie in Bild 23 gezeigt, vom Rohteilverhältnis l_0 /d_0 unabhängig. Es zeigt sich, daß mit zunehmendem Umformgrad der benötigte hydrostatische Druck leicht überproportional ansteigt. Dies wird auf die im vorliegenden Fall mit wachsendem Umformgrad zunehmenden Schiebungsanteile zurückgeführt (hierauf wird unter Abschnitt 5.2 noch näher eingegangen).

5.1.2 Nichtkreisrunde Profilquerschnitte

In Bild 25 a sind die beim hydrostatischen Fließpressen von Werkstücken mit nichtkreisrundem Querschnitt ermittelten Drücke dargestellt. Für jeden der 6 nichtkreisrunden Profilquerschnitte wurden wie für den kreisrunden Profilquerschnitt ca. 27 Versuche mit den Rohteilverhältnissen

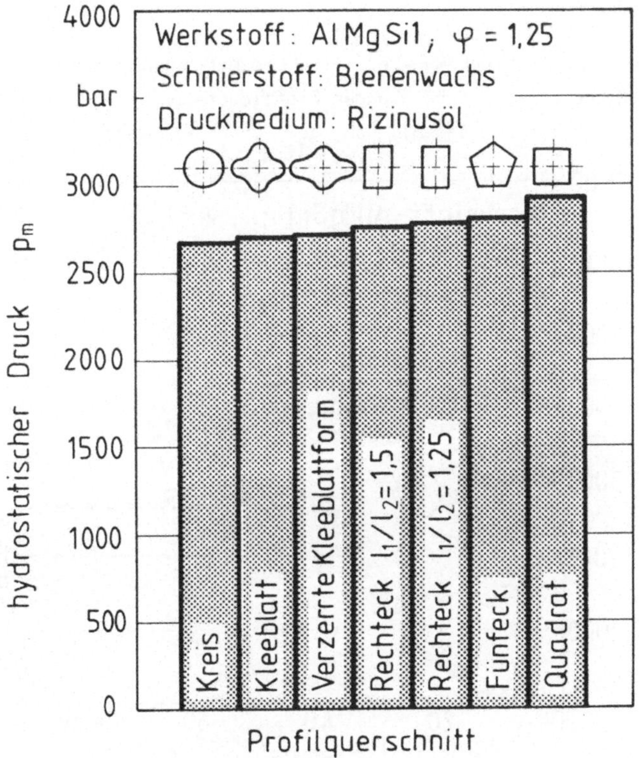

Bild 25 a: Beim hydrostatischen Fließpressen ermittelter Druckbedarf für unterschiedliche Profilformen.

l_0/d_0 = 2,5; 3,5 und 4,0 durchgeführt. Auch hier wurde festgestellt, daß das Rohteilverhältnis l_0/d_0 keinen Einfluß auf den hydrostatischen Druck p ausübt. Die Werte wurden bei dem Umformgrad φ = 1,25 gemessen. Zum Vergleich wurde der hydrostatische Druck vom kreisrunden Profilquerschnitt (φ = 1,25) gegenübergestellt. Die Drücke für nichtkreisrunde Profilquerschnitte sind allgemein höher als für kreisrunde. Der Einfluß der Profilform auf den hydrostatischen Druck ist, wie aus dieser Darstellung hervorgeht, jedoch offenbar sehr gering. Ursache hierfür sind die günstigen Reibungsbedingungen in der Umformzone und der verwendete Versuchswerkstoff, dessen Fließkurve nur leicht verfestigendes Verhalten zeigt. Die deutliche Zunahme des benötigten Drucks beim Fließpressen von Werkstücken mit quadratischem Querschnitt wurde durch den geringen metallischen Kontakt zwischen Werkstück und Matrizendurchbruch verursacht. Dies war anhand der Kaltverschweißungen am Schaft der fließgepreßten Teile zu erkennen.

Die aufgenommenen Druck-Weg-Verläufe beim hydrostatischen Fließpressen von Werkstücken mit nichtkreisrunden Profilquerschnitten sind in Bild 25 b dargestellt. Es ist zu sehen, daß der Druck-Weg-Verlauf für die

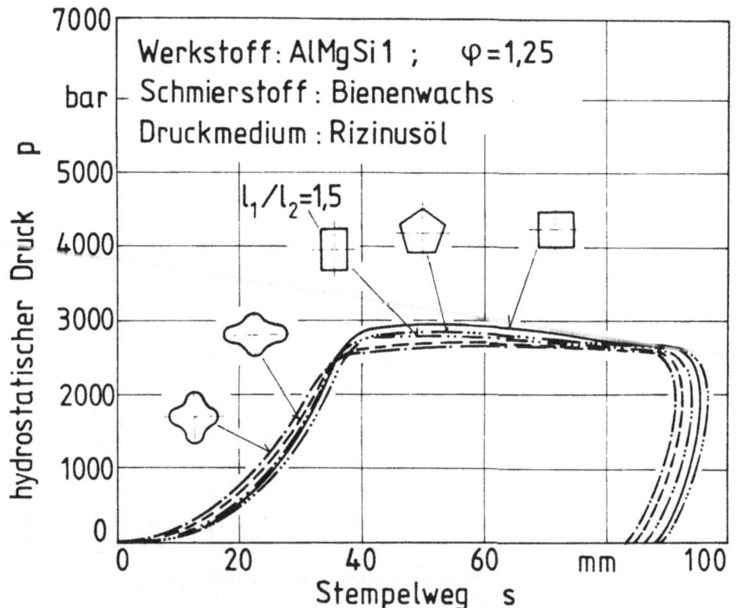

Bild 25 b: Druck-Weg-Verlauf beim hydrostatischen Fließpressen für verschiedene Profilquerschnitte, Umformgrad φ = 1.25.

Werkstücke mit quadratischem Querschnitt trotz Kaltverschweißungen kein ausgeprägtes Maximum aufweist.

Beispiele von hydrostatisch fließgepreßten Werkstücken mit nichtkreisrundem Profilquerschnitt sind in Bild 26 dargestellt. Der Umformgrad der gepreßten Teile beträgt $\varphi = 1,25$ bei einer Rohteillänge von $l_o = 160$ mm.

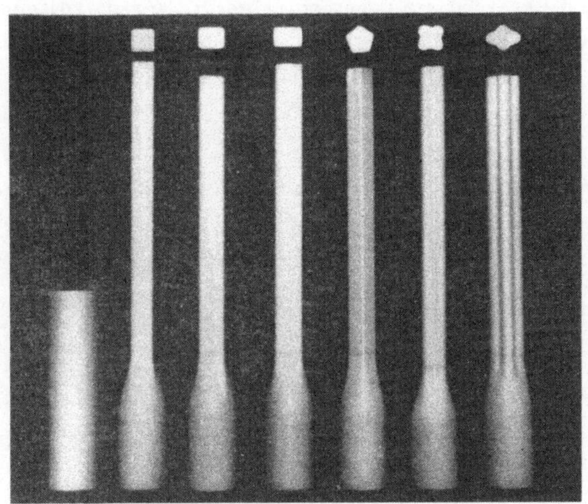

Bild 26: Beispiele für hydrostatisch fließgepreßte nichtkreisrunde Werkstückquerschnitte, ausgehend von kreiszylindrischen Rohteilen.

5.2 Berechnung der Umformkräfte (-drücke)

Zur Berechnung der beim Voll-Vorwärts-Fließpressen auftretenden Spannungen und Kräfte für kreisrunde Profilquerschnitte werden im Schrifttum, aufbauend auf Erfahrungen aus der Praxis und der elementaren Theorie, verschiedene Rechenansätze vorgestellt.

Anhand der Ergebnisse der aufgeführten unterschiedlichen Berechnungsgleichungen für den hydrostatischen Druck beim Pressen von Werkstücken mit kreisrundem Querschnitt zeigte Kerspe [6], daß die nach den Rechenansätzen von Siebel [32] und von Pugh [41] berechneten Werte im Vergleich zu anderen Berechnungsgleichungen den experimentell ermittelten Werten am nächsten kommen. Zur Berechnung der beim hydrostatischen Fließpressen von Werkstücken mit kreisrundem Querschnitt unter Verwendung von Matrizen mit stetigem Übergang benötigten Drücke wurden die beiden Rechenansätze, von Siebel (Gl. 11) und Pugh (Gl. 12), herangezogen. Diese Beziehungen lauten:

$$p = \underbrace{\varphi\, k_{fm}}_{p_{id}} + \underbrace{\frac{2}{3}\, \hat{\alpha}\, k_{fm}}_{p_{Sch}} + \underbrace{\frac{2\varphi\mu\, k_{fm}}{\sin 2\alpha}}_{p_{RS}} \tag{11}$$

und

$$p = \int_{0}^{\varphi_3} k_f\, d\varphi + \frac{\mu\, R\, \varphi}{\sin\alpha\,(R-1)} \int_{\varphi_1}^{\varphi_2} k_f\, d\varphi \tag{12}.$$

Für φ_1, φ_2 und φ_3 in Gl. (12) werden von Pugh bei Verwendung eines verfestigenden Werkstoffs und einer Matrize mit Öffnungswinkel $2\alpha = 45°$ folgende Werte eingesetzt:

$$\varphi_1 = 0{,}26\left[\frac{\hat{\alpha}}{\sin^2\alpha} - \cot\alpha\right]$$

$$\varphi_2 = \varphi_1 + \varphi \quad und$$

$$\varphi_3 = 2\varphi_1 + \varphi\;.$$

$$\varphi = \ln A_0/A_1 \quad \text{(geometrischer Umformgrad des Werkstücks)}$$

Die Gleichungen (11) und (12) gelten für kegelige Matrize mit konstantem
Schulteröffnungswinkel 2α. Da sich bei der Matrize mit stetigem Übergang
der Schulteröffnungswinkel vom Ein- bis zum Auslauf verändert, wurde für
die Anwendung der beiden Gleichungen die Definition eines äquivalenten
Schulteröffnungswinkels erforderlich. Zwei Möglichkeiten für die Definition eines äquivalenten Schulteröffnungswinkels wurden untersucht:

- $2\alpha^{*}$-Winkel, der von den im Wendepunkt an die Matrizenkontur
  gelegten Tangenten eingeschlossen wird (größerer Schulteröffnungswinkel)

- $2\alpha^{**}$-Winkel, den die gedachten Verbindungslinien zwischen Matri-
  zenein- und -auslauf einschließen (mittlerer Schulteröffnungswinkel).

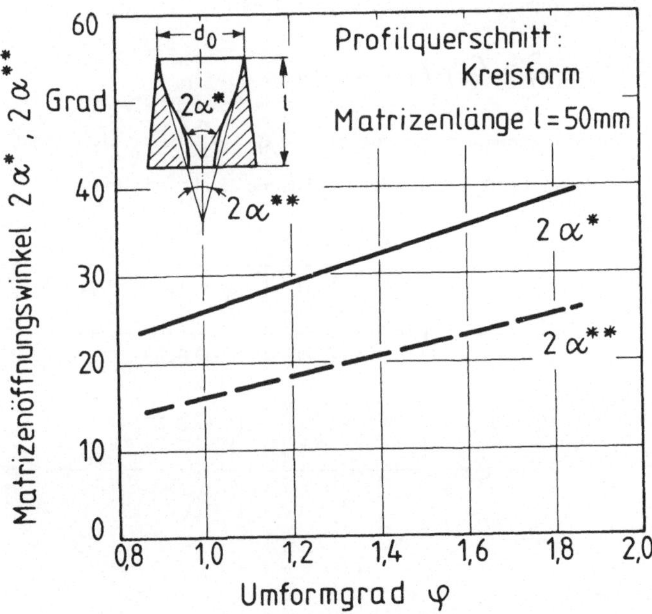

Bild 27: Äquivalente Schulteröffnungswinkel für die Matrizen mit stetigem Übergang (2 α * und 2 α **).

Die Größe des so definierten Schulteröffnungswinkels ist wegen der bei
allen Umformgraden konstanten Matrizenlänge und des konstanten Eintritts-

bzw. Rohteildurchmessers, vom jeweiligen Umformgrad abhängig. Sowohl $2\alpha^*$ als auch $2\alpha^{**}$ nehmen gleichsinnig mit wachsendem Umformgrad zu (Bild 27).

Bei der rechnerischen Ermittlung des Kraftbedarfs sind neben der gegebenen Werkstückgeometrie und der Reibzahl die Ergebnisse in erster Linie von den Werkstoffeigenschaften (k_f bzw. k_{fm}) abhängig. In Gl.(11) sind die Werkstoffeigenschaften durch die mittlere Fließspannung k_{fm} berücksichtigt. Exakt wird die mittlere Fließspannung k_{fm} nach der Beziehung:

$$k_{fm} = \frac{1}{\varphi} \int_0^{\varphi} k_f \, d\varphi \qquad (13)$$

berechnet. Die Auswertung ergab, daß die mittlere Fließspannung der verwendeten Werkstoffe AlMgSi 1 und Ck 15 bereichsweise durch folgende empirische Beziehung angenähert werden kann:

$$k_{fm} = C_1 \, k_{f1} \qquad (14)$$

k_{f1} ist die Fließspannung an der Stelle $\varphi = \varphi_1$. Für die Konstante C_1 wurden für Bereiche $0,4 \leq \varphi \leq 1,8$ folgende Werte ermittelt:

	$0,4 \leq \varphi \leq 1,0$	$\varphi = 1,25$	$1,25 \leq \varphi \leq 1,8$
AlMgSi 1	$C_1 = 0,88$	$C_1 = 0,89$	$C_1 = 0,90$
Ck 15		$C_1 = 0,87$	

5.3 Vergleich rechnerisch und experimentell ermittelter hydrostatischer Drücke

5.3.1 Kreisrunder Profilquerschnitt

Mit Hilfe der Gln. (11) und (12) wurde der zum Pressen der Werkstücke mit kreisrundem Querschnitt notwendige hydrostatische Druck für verschiedene Umformgrade und beide äquivalente Schulteröffnungswinkel $2\alpha^*$ und $2\alpha^{**}$ berechnet. Die verwendete mittlere Fließspannung k_{fm} des Werkstoffs wurde aus der empirischen Beziehung in der Gl. (14) entnommen.

In [24] wurde darauf hingewiesen, daß die Schiebungsarbeit durch die Verwendung von Matrizen mit stetigem Übergang beim hydrostatischen Fließpressen vernachlässigt werden kann. Zur Überprüfung dieser Aussage wurde in den Bildern 28 bis 33 der im Falle einer idealen (verlustfreien) Umformung erforderliche hydrostatische Druck (p_{id}) eingetragen.

AlMgSi1

In Bild 28 wurde der berechnete hydrostatische Druck p nach Gl. (11) in Abhängigkeit vom Umformgrad dem experimentell ermittelten Druckbedarf gegenübergestellt und zwar für den äquivalenten Schulteröffnungswinkel $2\alpha^*$. Die Reibzahl wurde in der Rechnung zwischen $\mu = 0$ und $\mu = 0,015$ variiert, was für das hydrostatische Fließpressen durchaus einem technisch realisierbaren Wertebereich entspricht. Es zeigt sich, daß die Meßwerte für die Umformgrade $\varphi = 1,0$ bis $1,68$ im Bereich zwischen den für ideale und für reibungsfreie Umformung berechneten Drücken liegen. Das bedeutet, daß bei Verwendung des äquivalenten Schulteröffnungswinkels $2\alpha^*$ die Schiebungsverluste überbewertet werden.

Vernachlässigt man die Schiebungsarbeit, dann ergeben sich rechnerisch Reibzahlen im Bereich zwischen $\mu = 0,02$ und $\mu = 0,05$; das sind für das hydrostatische Fließpressen gegenüber der von Pugh [41] angegebenen Grenze für die Reibzahl, nämlich $0,01 \leq \mu \leq 0,02$, wesentlich zu große Werte, d. h. die Schiebungsarbeit muß bei der Berechnung des Kraftbedarfs berücksichtigt werden.

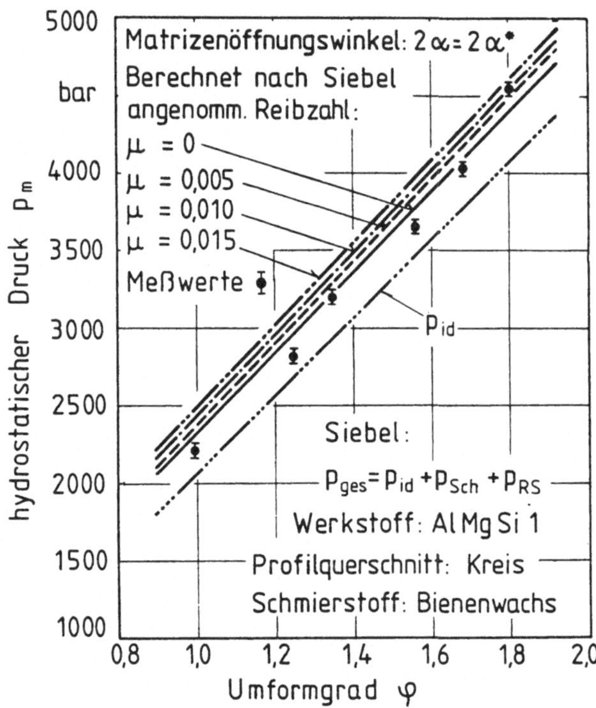

Bild 28: Vergleich rechnerisch und experimentell ermittelter Drücke
bei kreisrunden Profilquerschnitten für den Werkstoff
AlMgSi 1; äquivalenter Schulteröffnungswinkel $2\alpha = 2\alpha^*$.

Der nach Gl. (11) mit äquivalentem Schulteröffnungswinkel $2\alpha^{**}$
berechnete Druckbedarf wurde in Abhängigkeit vom Umformgrad in Bild 29
zusammen mit den Versuchswerten dargestellt. Die Meßwerte liegen in diesem Fall zwischen den mit den Reibzahlen $\mu = 0$ und $\mu = 0,015$ berechneten
Drücken. Aus dem Vergleich der gemessenen Drücke mit rechnerisch ermittelten Ergebnissen ergibt sich eine Reibzahl im Bereich von $0,001 < \mu < 0,006$
für die Umformgrade $\varphi = 1,0$ bis $1,68$ und von $\mu = 0,012$ für den Umformgrad
$\varphi = 1,80$.

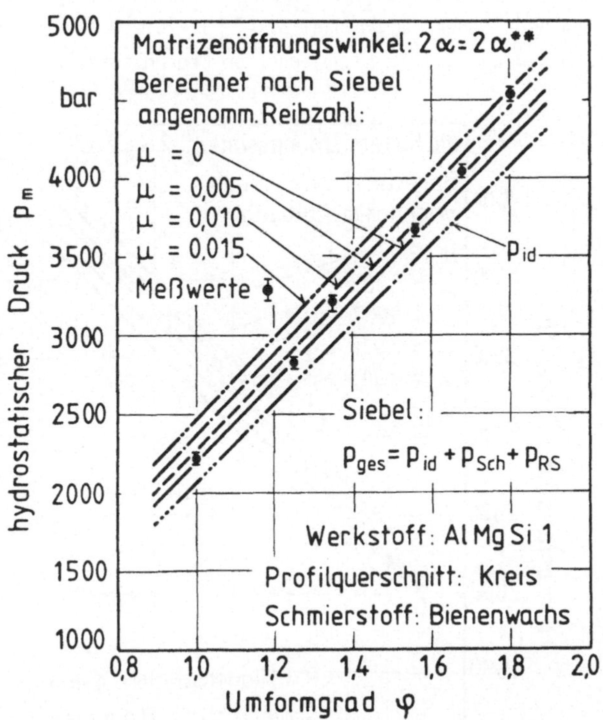

Bild 29: Vergleich rechnerisch und experimentell ermittelter Drücke
bei kreisrunden Profilquerschnitten für den Werkstoff
AlMgSi 1; äquivalenter Schulteröffnungswinkel $2\alpha = 2\alpha^{**}$.

Unter der Annahme, daß keine Schiebungsverluste auftreten, ergibt sich für
den äquivalenten Schulteröffnungswinkel $2\alpha^{**}$ die aus dem Vergleich der
Meßwerte mit dem berechneten Druck $(P_{id} + P_{RS})$ rechnerisch ermittelte
Reibzahl $\mu = 0,013$ für $\varphi = 1,0$ und $1,25$. Für größere Umformgrade liegen
die Reibzahlen im Bereich $0,020 < \mu < 0,036$; das erscheint wiederum für

das hydrostatische Fließpressen zu hoch.

Die mit Hilfe der Gl. (12) berechneten Drücke sind zusammen mit den Versuchsergebnissen in den Bildern 30 und 31 für die äquivalenten Schulteröffnungswinkel $2\alpha^{*}$ und $2\alpha^{**}$ dargestellt. Bei der Berechnung wurde die Reibzahl ebenfalls im Bereich $0 \leq \mu \leq 0,015$ variiert.

Die experimentell ermittelten Meßwerte liegen sowohl in Bild 30 (für den äquivalenten Schulteröffnungswinkel $2\alpha^{*}$) als auch in Bild 31 (für den äquivalenten Schulteröffnungswinkel $2\alpha^{**}$) zwischen den mit den Reibzahlen $\mu = 0$ und $\mu = 0,015$ berechneten Ergebnissen.

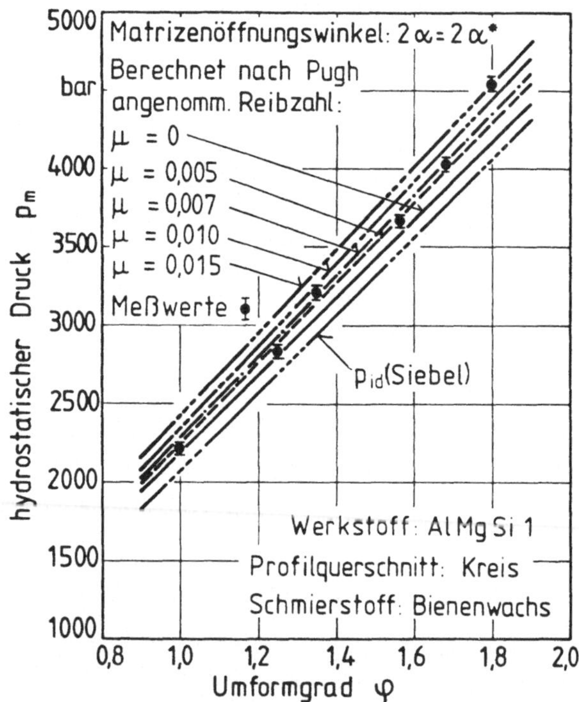

Bild 30: Vergleich rechnerisch und experimentell ermittelter Drücke bei kreisrunden Profilquerschnitten für den Werkstoff AlMgSi 1; äquivalenter Schulteröffnungswinkel $2\alpha = 2\alpha^{*}$.

Für den äquivalenten Schulteröffnungswinkel $2\alpha^{*}$ liegen die aus dem Vergleich der Meßwerte mit rechnerischen Ergebnissen ermittelten

Reibzahlen im Bereich $0,002 \leq \mu \leq 0,013$ für die Umformgrade $\varphi = 1,0$ bis 1,80. Nahezu gleiche Reibzahlen wurden für den äquivalenten Schulteröffnungswinkel $2\alpha^{**}$ ermittelt $(0,004 \leq \mu \leq 0,011)$.

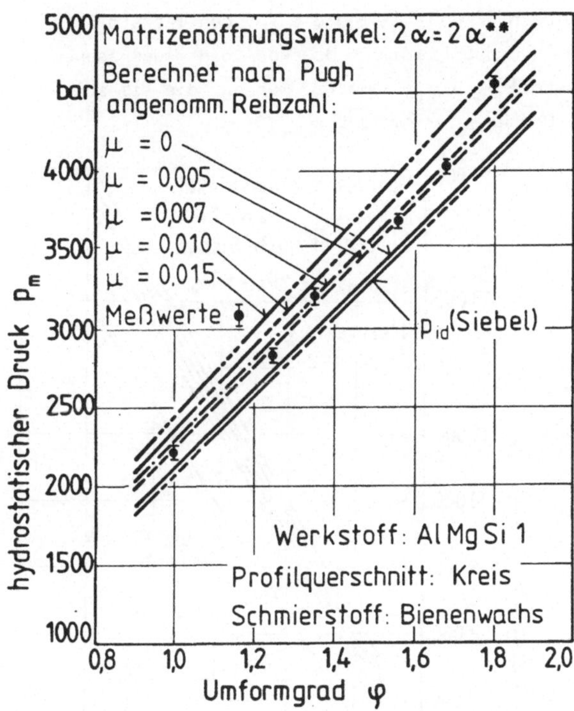

Bild 31: Vergleich rechnerisch und experimentell ermittelter Drücke bei kreisrunden Profilquerschnitten für den Werkstoff AlMgSi 1; äquivalenter Schulteröffnungswinkel $2\alpha = 2\alpha^{**}$.

Die bisherigen Ergebnisse für AlMgSi 1 haben gezeigt, daß die Gln. (11) und (12) zur Berechnung des beim hydrostatischen Fließpressen unter Verwendung von Matrizen mit stetigem Übergang notwendigen Drucks herangezogen werden können. Die von Siebel angegebene Beziehung Gl. (11) liefert für Matrizen mit stetigem Übergang für die Schulteröffnungswinkel $2\alpha^{*}$ und $2\alpha^{**}$ unterschiedliche Werte. Die für $2\alpha^{**}$ berechneten Werte stimmen am besten mit den Versuchswerten überein. Dagegen ergibt die Beziehung nach Pugh Gl. (12) für beide Schulteröffnungswinkel $2\alpha^{*}$ und $2\alpha^{**}$ nahezu gleiche Ergebnisse. Pugh hat für die Ableitung seiner Beziehung die Schulteröffnungswinkel $2\alpha = 45°$ bzw. $2\alpha = 90°$ zugrunde gelegt.

<u>Ck 15</u>

In den Bildern 32 und 33 sind die für den Werkstoff Ck 15 nach Gl. (11) berechneten hydrostatischen Drücke den gemessenen Werten gegenübergestellt. Als Meßwerte wurden die im stationären Bereich ermittelten Drücke p_m verwendet.

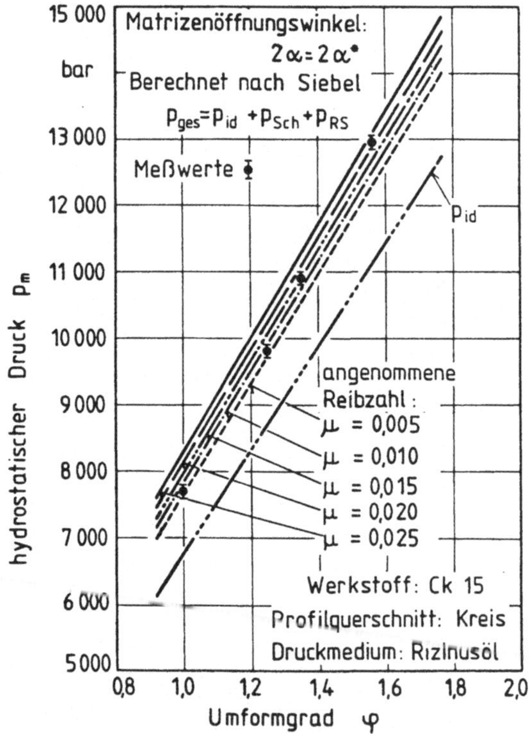

Bild 32: Vergleich rechnerisch und experimentell ermittelter Drücke bei kreisrunden Profilquerschnitten für den Werkstoff Ck 15; äquivalenter Schulteröffnungswinkel $2\alpha = 2\alpha^*$.

Der Vergleich von experimentellen und berechneten Werten ergibt für den äquivalenten Schulteröffnungswinkel $2\alpha^*$ (Bild 32) eine Reibzahl von $\mu = 0{,}006$ für einen Umformgrad von $\varphi = 1{,}0$ und $\mu = 0{,}022$ bei $\varphi = 1{,}56$. Werden auch hier die Schiebungen vernachlässigt, ergeben sich wesentlich größere Werte für die Reibzahl $(0,04 \leqq \mu \leqq 0,076)$.

Schließlich wird in Bild 33 ein Vergleich der mit dem äquivalenten Schulteröffnungswinkel $2\alpha^{**}$ ermittelten hydrostatischen Drücke mit Versuchsergebnissen durchgeführt. Die Reibzahlen ergeben sich aus den Berechnungen in einem Bereich von $\mu = 0,012$ für $\varphi = 1,0$ bis $\mu = 0,022$ bei $\varphi = 1,56$. Vernachlässigt man die Schiebungsarbeit, liegen die Reibzahlen im Bereich $0,25 < \mu < 0,41$, was für das hydrostatische Fließpressen zu hoch ist.

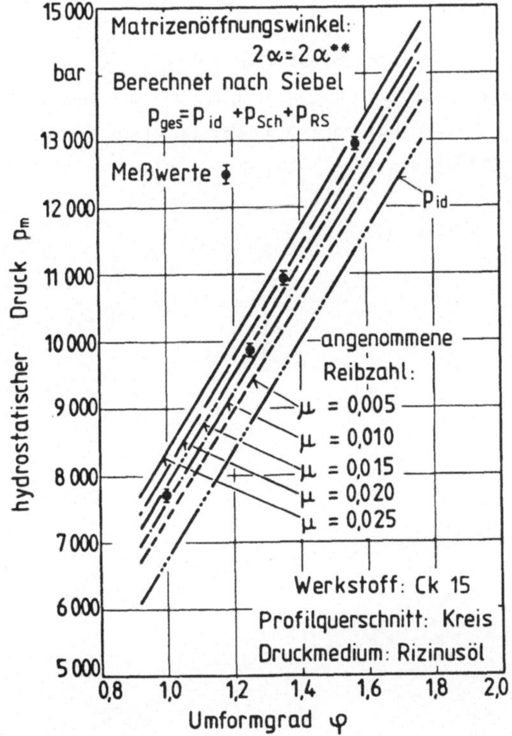

Bild 33: Vergleich rechnerisch und experimentell ermittelter Drücke bei kreisrunden Profilquerschnitten für den Werkstoff Ck 15; äquivalenter Schulteröffnungswinkel $2\alpha = 2\alpha^{**}$.

Die bisherigen Ergebnisse haben gezeigt, daß:

- die Gln. (11) und (12) zur Berechnung des beim hydrostatischen Fließpressen unter Verwendung von Matrizen mit stetigem Übergang notwendigen Drucks herangezogen werden können.

- auch bei Verwendung von Matrizen mit stetigem Übergang die Schiebungsverluste berücksichtigt werden müssen.

- gegenüber dem äquivalenten Schulteröffnungswinkel $2\alpha^*$ sich der Winkel $2\alpha^{**}$ zur Berechnung des hydrostatischen Drucks besser eignet. Die Reibzahlen, die mit äquivalentem Schulteröffnungswinkel $2\alpha^{**}$ rechnerisch ermittelt wurden, liegen im Bereich $0,001 \leq \mu \leq 0,012$ für Werkstoff AlMgSi 1 und $0,006 \leq \mu \leq 0,022$ für Ck 15.

Obwohl ein direkter Vergleich nicht möglich ist, läßt sich doch feststellen, daß die für Matrizen mit stetigem Übergang bei mittleren Umformgraden ermittelten Reibzahlen an der unteren Grenze der für das hydrostatische Fließpressen mit kegeliger Schulter zutreffenden Werte liegen.

5.3.2 Nichtkreisrunde Profilquerschnitte

Zur Darstellung des Einflusses der Profilform auf den hydrostatischen
Druck, wurden in Bild 34 die beim Pressen von Werkstücken mit nichtkreisrunden Profilquerschnitten ermittelten Drücke p_m für den Umformgrad φ = 1,25
in Abhängigkeit vom Formfaktor γ_2 = r_U/r_A aufgetragen. Zum Vergleich wurden die Versuchswerte für den kreisrunden Profilquerschnitt mit dem Umformgrad φ = 1,25 im Bild gegenübergestellt. Der Formfaktor γ_2 (s. Kap. 1)
berücksichtigt die beim hydrostatischen Pressen nichtkreisrunder Profilquerschnitte infolge der größeren Reibfläche auftretende Reibung. (Der
Profilumfang einer nichtkreisrunden Querschnittsform ist immer größer als
derjenige eines flächengleichen Kreisquerschnitts.) Es zeigt sich, daß
die Profilform nur einen geringen Einfluß auf den hydrostatischen Druck
hat. Die in den Versuchen ermittelten Meßwerte liegen geringfügig (um
ca. 8,5%) unter den berechneten Werten. Dies kann auf sehr niedrige Reibzahlen, wie sie im Abschnitt 5.3.1 ermittelt wurden, zurückgeführt werden.

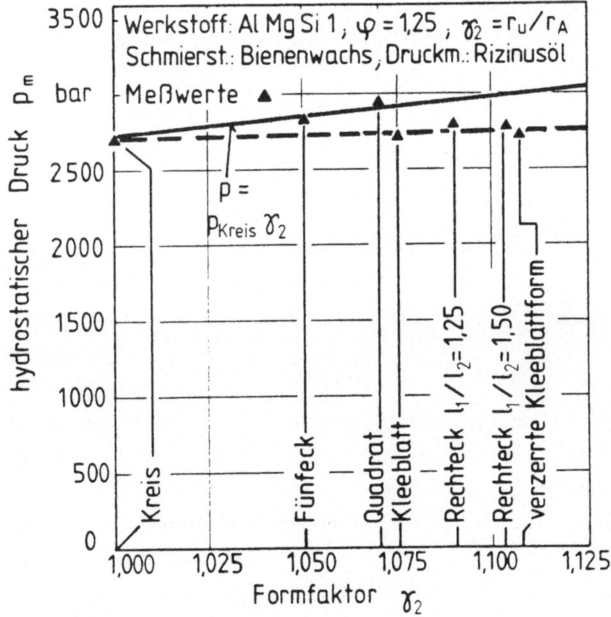

Bild 34: Abhängigkeit des hydrostatischen Druckes vom Formfaktor γ_2
für nichtkreisrunde Profilquerschnitte.

6   <u>Stoffflußuntersuchungen</u>

Die Herstellung von Matrizen mit stetigem Übergang verursacht gegenüber kegeligen Matrizen einen höheren Aufwand, der nur gerechtfertigt ist, wenn beim hydrostatischen Fließpressen unter Verwendung dieser Matrize geringere Kräfte erforderlich sind oder günstigere Werkstückeigenschaften erzielt werden können.

Im Schrifttum fehlen bisher Untersuchungen über den Werkstofffluß beim hydrostatischen Fließpressen unter Verwendung einer Matrize mit stetigem Übergang für kreisrunde und nichtkreisrunde Werkstückquerschnitte. Es wird erwartet, daß durch die geringeren Schiebungen in der Umformzone bei Verwendung der oben genannten Matrizen eine homogenere Umformung gegenüber dem hydrostatischen Pressen mit ·einer kegeligen Matrize erreicht werden kann.

Für die rechnerische Behandlung von Umformvorgängen ist die genaue Kenntnis der Geschwindigkeitsfelder notwendig. Die Methode der Visioplasticity [33] ist ein experimentell-theoretisches Verfahren, das es ermöglicht, die Geschwindigkeitsverteilung in der Umformzone darzustellen und zu berechnen.

6.1   <u>Allgemeine Vorgehensweise</u>

Für die experimentelle Untersuchung des Werkstoffflusses mit der Methode der Visioplasticity wurden Rohteile zunächst in einer die Längsachse enthaltenden Ebene geteilt. Auf eine Rohteilhälfte wurde anschließend in der Teilungsebene ein Liniennetz mit einem Maschenabstand von 1 mm eingeritzt.

Durch die Verwendung geteilter Rohteile ergibt sich beim hydrostatischen Fließpressen das Problem der Abdichtung des Druckraums gegenüber der Matrize zu Beginn des Preßvorgangs. Außerdem besteht die Gefahr, daß die Druckflüssigkeit zwischen die Probenhälften eindringt. Deshalb wurden die beiden Rohteilhälften an den Enden mit handelsüblichem Metallklebstoff zusammengefügt.

Das Pressen der Rohteilhälften von kreisrunden Werkstückquerschnitten konnte ohne Schwierigkeiten durchgeführt werden, da aufgrund der Rotationssymmetrie die Lage der Teilungsebene in bezug auf die Matrize keinen Einfluß auf das Ergebnis hat. Für nichtkreisrunde Profilquerschnitte wurde der Stofffluß in einigen ausgezeichneten Ebenen (i. allg. den Symmetrieebenen des Profils), die in Bild 35 angegeben sind, ermittelt. Dazu war es erforderlich, die Rohteile vor dem Pressen sehr sorgfältig im Werkzeug auszurichten.

Die Proben wurden so weit ausgepreßt, daß die vollständige Ausbildung des stationären Bereichs sichergestellt und der Einfluß der Klebung auf den Stofffluß ausgeschaltet war.

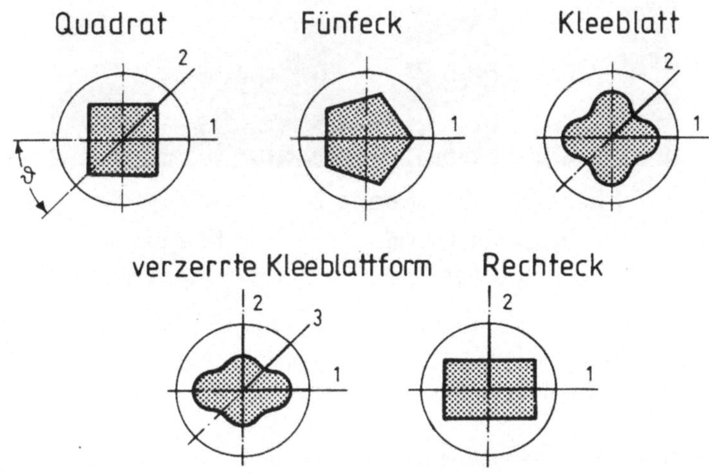

Bild 35: Lage der Teilungsebenen zur Untersuchung des Werkstoffflusses bei nichtkreisrunden Werkstückquerschnitten.

6.2 Qualitative Darstellung des Werkstoffflusses

In Bild 36 sind die umgeformten Werkstückhälften der Kleeblattform für die beiden Ebenen mit dem Umformgrad $\varphi = 1,25$ sowie vom kreisrunden Profilquerschnitt mit dem Umformgrad $\varphi = 1,56$ gegeben. Anhand der gepreßten Werkstückhälften konnte gezeigt werden, daß auch für nichtkreisrunde Werkstückquerschnitte keinerlei Verwölbung in der Teilungsebene auftreten. Damit war eine wichtige Voraussetzung für die

Anwendbarkeit der Methode der Visioplasticity in den gewählten
Teilungsebenen der nichtkreisrunden Profilquerschnitte gegeben.

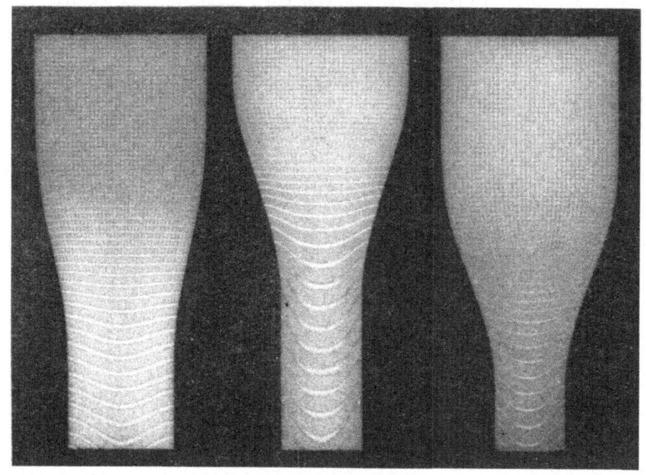

Bild 36: Darstellung der mit Matrizen mit stetigem Übergang gepreßten
Teile zur Stoffflußuntersuchung von kreisrunden und nichtkreisrunden Werkstückquerschnitten.

Zur Ermittlung des Geschwindigkeitsfelds wurden die Koordinaten der
Linienschnittpunkte unter einem Meßmikroskop ausgemessen. Wegen der
vorliegenden Symmetrie zur Längsachse - ausgenommen Werkstücke mit
Fünfeckquerschnitt - genügte es, jeweils nur eine Hälfte des verzerrten
Liniennetzes auszuwerten. Die nachfolgenden Bilder 37 a bis c zeigen die
anhand der Meßwerte gezeichneten verzerrten Liniennetze für
unterschiedliche Werkstückquerschnitte.

Bild 37a zeigt den Einfluß des Umformgrads auf den Werkstofffluß bei den
Werkstücken mit kreisrundem Querschnitt. Mit wachsendem Umformgrad nimmt
die konkave Verwölbung der Stirnfläche des Werkstücks zu, d. h. die
Geschwindigkeit des Werkstoffs in der Werkstückmitte gegenüber der am
Werkstückrand nimmt mit wachsendem Umformgrad zu.

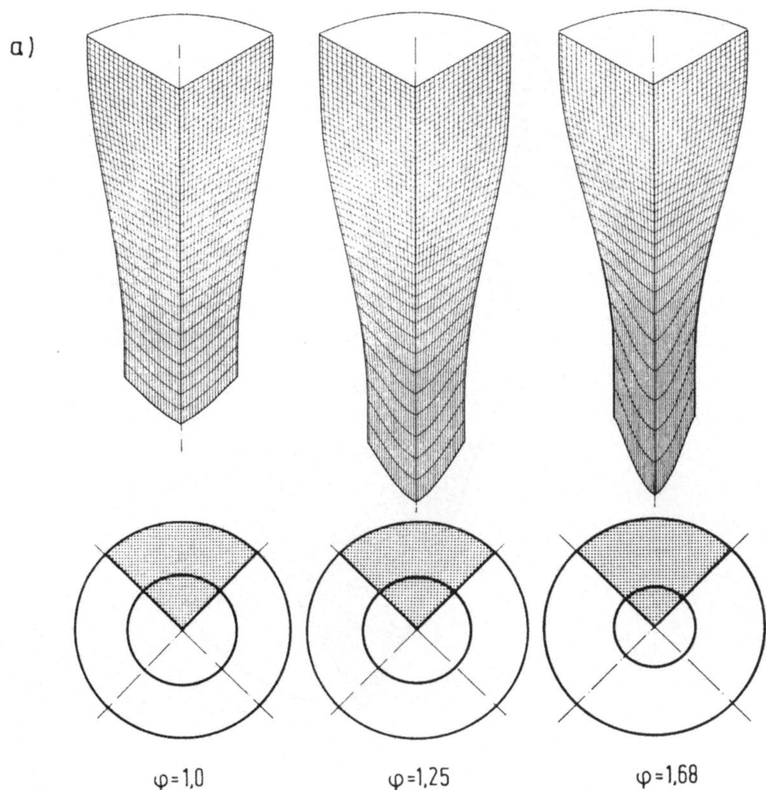

Bild 37 a: Verzerrtes Liniennetz für Werkstücke mit kreisrundem Querschnitt.

Die Abhängigkeit des Werkstoffflusses von der Lage der Teilungsebene ist
im Bild 37 b für Werkstücke mit nichtkreisrunden Querschnitten
dargestellt. Der unterschiedliche Werkstofffluß in den untersuchten
Ebenen kann auf die verschiedenen Umformgrade in radialer Richtung,
bedingt durch die unterschiedlichen Abstände zwischen der
Werkstückmittelachse und dem Werkstückrand der jeweiligen Ebenen,
zurückgeführt werden. Diese Abhängigkeit des Werkstoffflusses vom Abstand
zwischen Werkstückmittelachse und Werkstückrand wird im Bild 37 c für die
fünfeckige Querschnittsform verdeutlicht. Die unterschiedliche Ausbildung
des Werkstoffflusses auf beiden Seiten der Profilmittelachse ist klar
erkennbar.

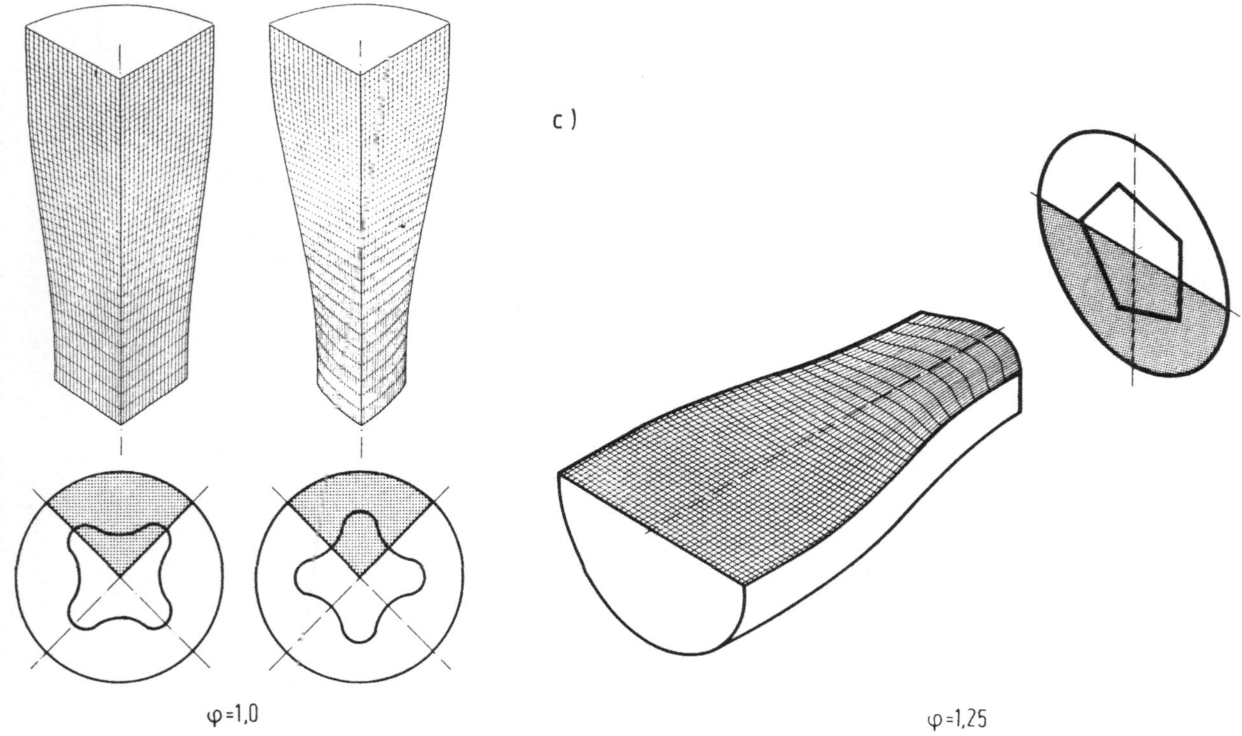

Bild 37 b, c: Verzerrtes Liniennetz für Werkstücke mit Kleeblattform (b) und Fünfeckform (c).

Wegen dieser Abhängigkeit des Werkstoffflusses vom radialen Abstand treten im Werkstoffverbund Schiebungen - "zusätzlich" zu denen aufgrund der Umlenkungen an der Fließpreßschulter - zwischen benachbarten Volumenelementen auf. Als Maß für diese "zusätzliche" Schiebungen wird das Schiebungsmaß:

$$\mathcal{H} = \frac{\varphi_{max} - \varphi_{min}}{\varphi} \qquad (15)$$

eingeführt.

Dabei ist (s. Bild 38):

$$\varphi_{max} = ln\,\frac{A_0}{A_{1min}}$$

$$\varphi_{min} = ln\,\frac{A_0}{A_{1max}} \qquad \text{und}$$

$$\varphi = ln\,\frac{A_0}{A_1} \qquad \text{(geometrischer Umformgrad des Werkstücks).}$$

$$0B < 0A < 0C$$

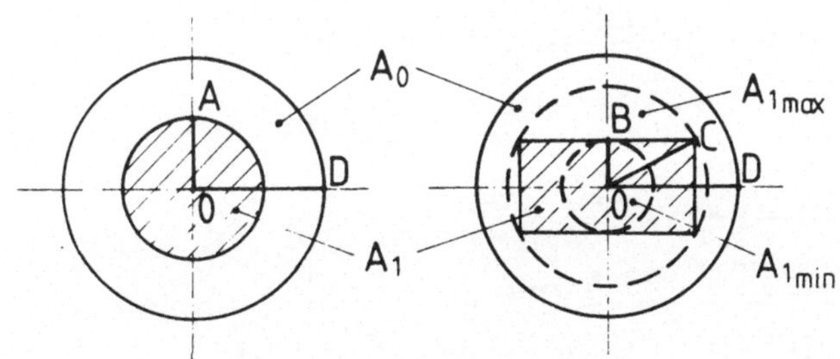

Bild 38: Prinzipskizze zur Erklärung des Schiebungsmaßes.

Beim kreisrunden Werkstückquerschnitt treten im Gegensatz zum nichtkreisrunden außer den durch die Umlenkungen der Fließpreßschulter verursachten Schiebungen keine "zusätzlichen" Schiebungen auf, da die Umformung in radialer Richtung vom Drehwinkel ϑ unabhängig ist (s. Bild 36).

Anhand der gemessenen Koordinaten der Schnittpunkte der Netzlinien und der gegebenen Rohteilgeschwindigkeit ($\approx$ Stempelgeschwindigkeit) erhält man mit der Annahme, daß der Weg zwischen zwei Schnittpunkten entlang einer Bahnlinie jeweils in der gleichen Zeit zurückgelegt wird, aus den Abständen zwischen zwei Punkten ein Maß für den örtlichen Geschwindigkeitsvektor. Die Berechnung erfolgte mit Hilfe eines Rechnerprogramms, das von Wilhelm [34] für quasistationäre Umformvorgänge erstellt wurde.

Bild 39 zeigt beispielhaft Richtung und Betrag der Geschwindigkeitsvektoren für die quadratische Profilform. Beim Einlauf in die Matrize, während der Werkstoff an der Werkstückmitte infolge der noch geringen radialen Stauchung starr verbleibt, beginnt am Werkstückrand bereits die

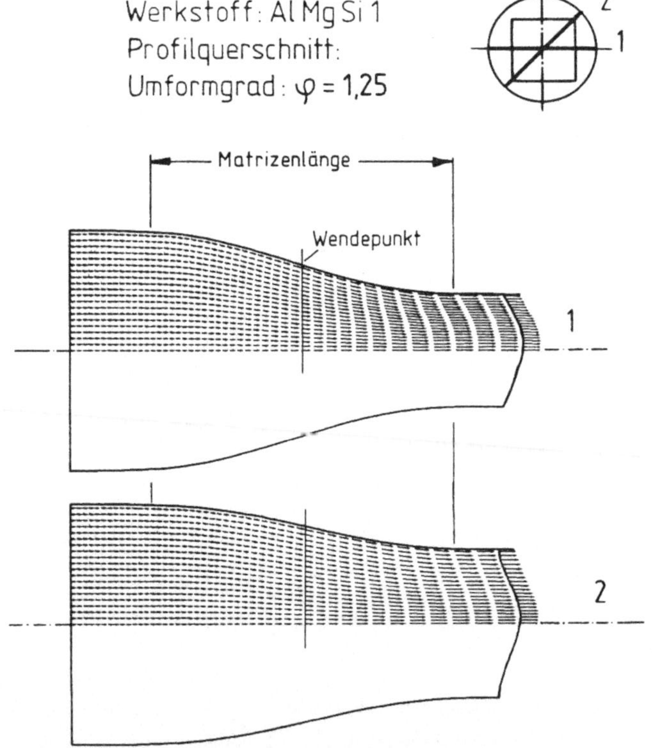

Bild 39: Geschwindigkeitsfeld beim hydrostatischen Fließpressen von quadratischen Profilen, Umformgrad $\varphi = 1{,}25$.

Umformung. Als Folge davon ist eine Werkstoffvoreilung am Werkstückrand gegenüber der Werkstückmitte festgestellt worden. Im weiteren Verlauf dehnt sich die Umformzone, ausgehend vom Werkstückrand, über den Werkstückquerschnitt aus. Gleichzeitig nimmt die Neigung der Matrizenkontur ständig zu,und damit treten vermehrt Schiebungen auf (s. Bild 42). In der unmittelbaren Nähe des Wendepunktes - in dem die Matrizenkontur einen maximalen Neigungswinkel besitzt - zeigt die Werkstoffbewegung über den Werkstückquerschnitt eine nahezu gleichmäßige Axialgeschwindigkeit. Im weiteren Verlauf der Umformung nach dem Wendepunkt wird die am Werkstückrand ursprünglich vorhandene Werkstoffvoreilung aufgrund der zunehmenden radialen Stauchung bzw. Flächenpressung und somit auch der wachsenden Reibung zwischen Werkstück und Werkzeug teilweise wieder rückgängig gemacht, so daß sich nach dem Wendepunkt in der Werkstückmitte eine Werkstoffvoreilung ergibt.

6.3 Örtliche Vergleichsformänderungsgeschwindigkeiten und Vergleichsformänderungen

Aus den Komponenten der Geschwindigkeitsvektoren in der Umformzone in axialer und radialer Richtung lassen sich die einzelnen Formänderungsgeschwindigkeiten näherungsweise berechnen. Dafür gelten folgende Beziehungen:

$$\dot{\varepsilon}_r = \frac{\partial v_r}{\partial r} \approx \frac{\Delta v_r}{\Delta r}$$

$$\dot{\varepsilon}_z = \frac{\partial v_z}{\partial z} \approx \frac{\Delta v_z}{\Delta z} \tag{16}$$

$$\dot{\varepsilon}_\vartheta = \frac{v_r}{r}$$

$$\dot{\varepsilon}_{rz} = \frac{1}{2}\left(\frac{\partial v_r}{\partial z} + \frac{\partial v_z}{\partial r}\right) \approx \frac{1}{2}\left(\frac{\Delta v_r}{\Delta z} + \frac{\Delta v_z}{\Delta r}\right)$$

Die Schiebungsgeschwindigkeiten $\dot{\varepsilon}_{r\vartheta}$ und $\dot{\varepsilon}_{z\vartheta}$ sind bei rotationssymmetrischen Formänderungszuständen Null, so daß

$$\varepsilon_{r\vartheta} = \varepsilon_{z\vartheta} = 0$$

Bei nicht-rotationssymmetrischen Formänderungszuständen haben die Beziehungen folgende Form:

$$\dot{\varepsilon}_r = \frac{\partial v_r}{\partial r} \approx \frac{\Delta v_r}{\Delta r} \qquad\qquad \dot{\varepsilon}_{\vartheta z} = \frac{1}{2}\left(\frac{\partial v_\vartheta}{\partial z} + \frac{1}{r}\frac{\partial v_z}{\partial \vartheta}\right)$$

$$\dot{\varepsilon}_z = \frac{\partial v_z}{\partial z} \approx \frac{\Delta v_z}{\Delta z} \qquad\qquad \dot{\varepsilon}_{r\vartheta} = \frac{1}{2}\left(\frac{1}{r}\frac{\partial v_r}{\partial \vartheta} + \frac{\partial v_\vartheta}{\partial r} - \frac{v_\vartheta}{r}\right) \qquad (17)$$

$$\dot{\varepsilon}_\vartheta = \frac{v_r}{r} + \frac{1}{r}\frac{\partial v_\vartheta}{\partial \vartheta}$$

$$\dot{\varepsilon}_{rz} = \frac{1}{2}\left(\frac{\partial v_r}{\partial z} + \frac{\partial v_z}{\partial r}\right) \approx \frac{1}{2}\left(\frac{\Delta v_r}{\Delta z} + \frac{\Delta v_z}{\Delta r}\right)$$

Für die nichtkreisförmigen Profilquerschnitte sind $\dot{\varepsilon}_{\vartheta z}$ und $\dot{\varepsilon}_{r\vartheta}$ im allgemeinen nicht gleich Null.

Bei der experimentellen Untersuchung mit der Methode der Visioplasticity können die Schiebungsgeschwindigkeiten $\dot{\varepsilon}_{r\vartheta}$ und $\dot{\varepsilon}_{\vartheta z}$ meßtechnisch jedoch nicht erfaßt werden. Gegenüber den Dehnungsgeschwindigkeiten sind die Schiebungsgeschwindigkeiten $\dot{\varepsilon}_{r\vartheta}$, $\dot{\varepsilon}_{\vartheta z}$ in den betrachteten Bereichen klein. Somit können zur näherungsweisen Ermittlung der Vergleichsformänderungsgeschwindigkeit $\dot{\varepsilon}_v$ die Schiebungsgeschwindigkeiten $\dot{\varepsilon}_{r\vartheta}$ und $\dot{\varepsilon}_{\vartheta z}$ vernachlässigt werden. Die Formänderungsgeschwindigkeit $\dot{\varepsilon}_\vartheta$ wird mit Hilfe der Kontinuitätsbedingung [35] :

$$\dot{\varepsilon}_r + \dot{\varepsilon}_z + \dot{\varepsilon}_\vartheta = 0$$

bestimmt, so daß

$$\dot{\varepsilon}_\vartheta = -\left(\dot{\varepsilon}_r + \dot{\varepsilon}_z\right) \qquad\qquad (18)$$

ist.

Die mit diesen Annahmen berechneten Vergleichsformänderungsgeschwindigkeiten bilden somit eine untere Grenze der tatsächlich auftretenden Werte.

Zur Errechnung der Vergleichsformänderungsgeschwindigkeit wird dann die streng nur für rotationssymmetrische Formänderungen geltende Beziehung verwendet:

$$\dot{\varepsilon}_v = \sqrt{\frac{2}{3}\left(\dot{\varepsilon}_r^{\,2} + \dot{\varepsilon}_z^{\,2} + \dot{\varepsilon}_\vartheta^{\,2} + 2\dot{\varepsilon}_{rz}^{\,2}\right)} \qquad\qquad (19)$$

Die Vergleichsformänderung, die ein Werkstoffelement während des gesamten Umformvorgangs erfährt, erhält man schließlich durch zeitliche

Integration der Vergleichsformänderungsgeschwindigkeiten entlang der zurückgelegten Bahnlinie:

$$\varepsilon_V = \int_{t_0}^{t_1} \dot{\varepsilon}_V \, dt \qquad (20)$$

Kreisrunder Profilquerschnitt

In Bild 40 sind die für die kreisrunden Werkstückquerschnitte ermittelten Linien konstanter Vergleichsformänderungsgeschwindigkeiten dargestellt und zwar für die Umformgrade $\varphi = 1;0$; 1,25 und 1,80. Es zeigt sich, daß vom Einlauf bis zum Wendepunktbereich die Vergleichsformänderungsgeschwin-digkeiten über dem Werkstückquerschnitt, insbesondere für die Umformgrade $\varphi = 1,0$ und 1,25, fast gleichmäßig ansteigen. Dies ist darauf zurückzuführen, daß die Matrizen in diesem Bereich einen sehr kleinen Neigungswinkel aufweisen, der nur geringe Schiebungen verursacht. Danach treten dann deutliche Unterschiede zwischen der Werkstückmitte und dem Werkstückrandbereich auf. Während entlang der Werkstückmitte die Vergleichsformänderungsgeschwindigkeiten bis zu ihrem Größtwert kontinu-ierlich anwachsen und dann wieder abfallen, nehmen sie am Werkstückrand im Bereich des Wendepunkts zunächst ab und steigen dann im weiteren Ver-lauf bis zu ihrem absoluten Größtwert wieder an. Am Matrizenauslauf ist die Verteilung der Vergleichsformänderungsgeschwindigkeiten über dem Werkstückquerschnitt wieder nahezu gleichmäßig. Der Einfluß der Schiebun-gen am Wendepunkt auf den Verlauf der Vergleichsformänderungsgeschwindig-keiten, bedingt durch den äquivalenten Schulteröffnungswinkel $2\alpha^*$, ist bei Werkstücken, die bei einem größeren Umformgrad ($\varphi = 1,80$) umgeformt wurden, sehr deutlich zu erkennen.

Insgesamt zeigt Bild 40, daß die Inhomogenität der Verteilung mit wachsendem Umformgrad, d. h. größeren Schiebungen, wegen größeren äqui-valenten Schulteröffnungswinkeln $2\alpha^*$ bzw. $2\alpha^{**}$, zunimmt.

Mit Hilfe von Gl. (20) können die Vergleichsformänderungen aus den Vergleichsformänderungsgeschwindigkeiten errechnet werden. Bild 41 enthält die berechneten Ergebnisse der Vergleichsformänderungen über dem Werkstücklängsschnitt von kreisrunden Profilen bei verschiedenen Umformgraden. Entsprechend den Vergleichsformänderungsgeschwindigkeiten zeigen die Vergleichsformänderungen für alle Umformgrade im Bereich zwischen dem Düseneinlauf und dem Wendepunkt einen qualitativ ähnlichen Verlauf. Die leichte Krümmung der Linien konstanter Vergleichsformänderung am Düseneinlauf ist auf die noch vorhandene Reibung zurückzuführen, die durch die günstigen Schmierungsbedingungen zwar weitgehend herabgesetzt, aber nicht völlig ausgeschaltet werden kann (s. Abschnitt 5.3).

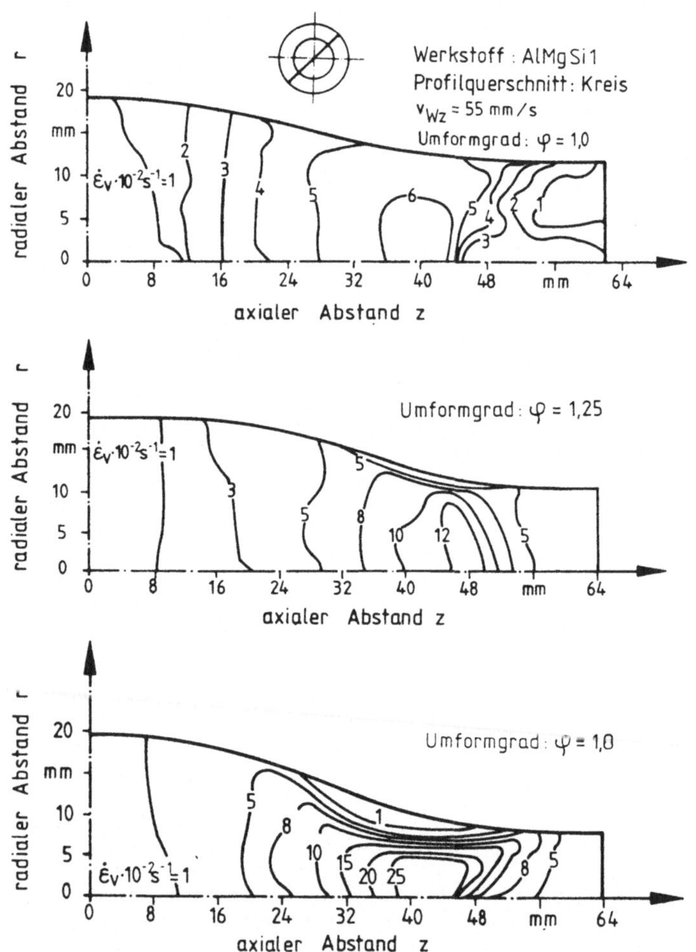

Bild 40: Vergleichsformänderungsgeschwindigkeiten für die kreisrunden Profilquerschnitte, Umformgrad φ = 1,0; 1,25 und 1,80.

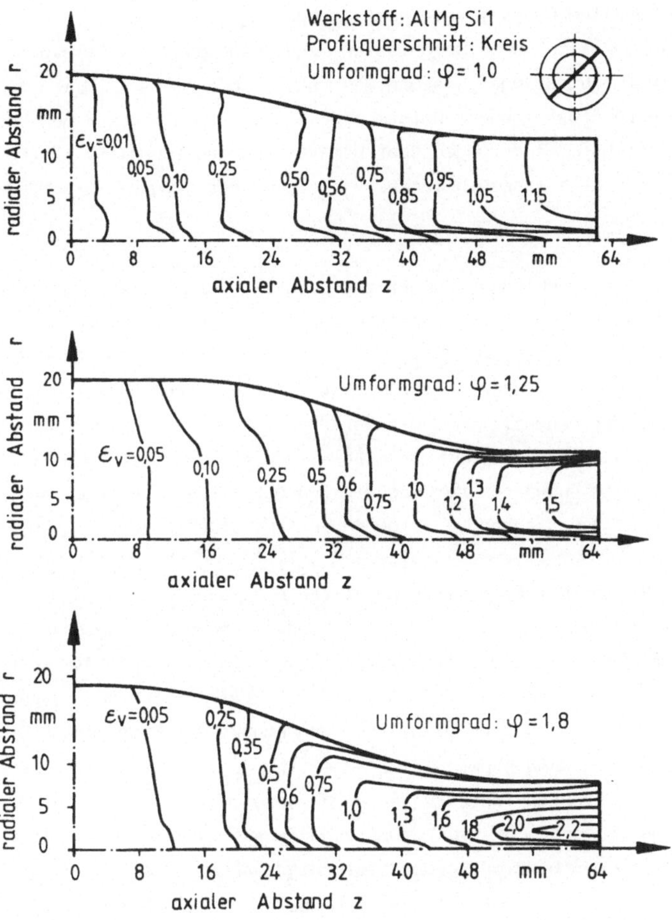

Bild 41: Vergleichsformänderungen für die kreisrunden Profilquerschnitte,
Umformgrad φ = 1,0; 1,25 und 1,80.

Im Wendepunktbereich zeigt die Verteilung der Vergleichsformänderungen
beim Umformgrad φ = 1,80 ähnlich wie die Verteilung der Vergleichsformänderungsgeschwindigkeiten eine geringere Homogenität. Dagegen weist sie für
den Umformgrad φ = 1,0, bei dem die Matrize insgesamt einen kleineren
Neigungswinkel besitzt, einen homogeneren und damit günstigeren Verlauf·
auf. Eine ähnliche Verteilung der Vergleichsformänderung in diesem Bereich
wurde von Ohnishi [36] bei Verwendung von Matrizen mit kosinusförmigem
Konturverlauf ermittelt.

An den Stellen hoher Vergleichsformänderungsgeschwindigkeiten, z. B. in der Werkstückmitte nach Durchlaufen des Wendepunktes, steigen die Vergleichsformänderungen naturgemäß sehr schnell an. Dies führt insbesondere für größere Umformgrade zu einer ungleichmäßigen Verteilung der Vergleichsformänderungen über dem Werkstückquerschnitt, während sich für φ = 1,0 eine nahezu homogene Verteilung der Vergleichsformänderungen einstellt.

Längs der Werkstücklängsachse treten aufgrund der axialen Symmetrie des Umformvorganges keine Schiebungen auf, d. h. entlang der Längsachse ist die Umformung homogen. Die berechneten Vergleichsformänderungen ε_v an der Düsenaustrittsstelle in der Werkstückmitte haben deshalb den gleichen Betrag wie der geometrische Umformgrad $\varphi = \ln(A_0/A_1)$ des Werkstücks. Die dennoch vorhandenen, geringfügigen Abweichungen sind auch zu einem Teil auf Meßfehler beim Auswerten der Koordinaten der Netzlinien sowie auf die mit dem Berechnungsverfahren verbundenen Interpolationen zurückzuführen.

Ein Vergleich der Ergebnisse der Werkstoffflußuntersuchungen mit den in [6] dargestellten Ergebnissen beim hydrostatischen Fließpressen unter Verwendung kegeliger Matrizen mit Schulteröffnungswinkel $2\alpha = 30°$ zeigt einen qualitativ ähnlichen Verlauf der Vergleichsformänderungen im Bereich zwischen Düseneinlauf und Wendepunkt der Matrizenkontur. Nach Durchlaufen des Wendepunkts weisen die mit der Matrize mit stetigem Übergang gepreßten Werkstücke eine homogenere Verteilung der Vergleichsformänderungen auf. Das kann darauf zurückgeführt werden, daß bei den beiden Umformvorgängen verschiedenartige Schiebungen auftreten. Während bei den Matrizen mit stetigem Übergang die Schiebungen vom Wert Null am Düseneinlauf bis zum Maximum am Wendepunkt ansteigen und anschließend wieder bis zum Düsenaustritt auf Null abfallen, erhält man durch den konstanten Schulteröffnungswinkel bei den kegeligen Matrizen einen konstanten Betrag der Schiebungen über die gesamte Umformzone (Bild 42).

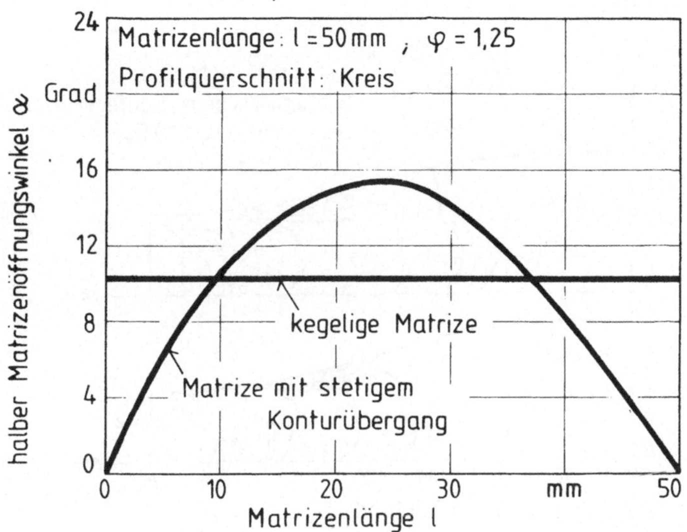

Bild 42: Matrizenöffnungswinkel in Abhängigkeit von der Matrizenlänge.

Nichtkreisrunde Profilquerschnitte

Beim Pressen von Werkstücken mit nichtkreisrunden Querschnitten treten,
wie bereits im Abschnitt 6.2 beschrieben, in der Umformzone infolge

- unterschiedlich großer Umformgrade in radialer Richtung für ein-
  bzw. ausspringende Ecken des Profils (s. Bild 38) und
- unterschiedlich großer Neigungswinkel bzw. äquivalenter
  Schulteröffnungswinkel $2\alpha^{*}$ und $2\alpha^{**}$ in Abhängigkeit vom Winkel ϑ
  (s. Bild 36),

zusätzliche Schiebungen in den (r, z)-, (r, ϑ)- und (z, ϑ)-Ebenen auf.

Der geringe Unterschied des Umformgrads in radialer Richtung, bedingt
durch die nahezu gleichen Abstände von Werkstückmittelachse zum
Werkstückrand zwischen Teilungsebene 1 und 2 bei der Fünfeck- sowie
Quadratform (Bild 43 und 44), führt zu einer ähnlichen Verteilung der
Vergleichsformänderungsgeschwindigkeiten in beiden Halbebenen. Dies gilt
insbesondere für den Bereich des Wendepunkts.

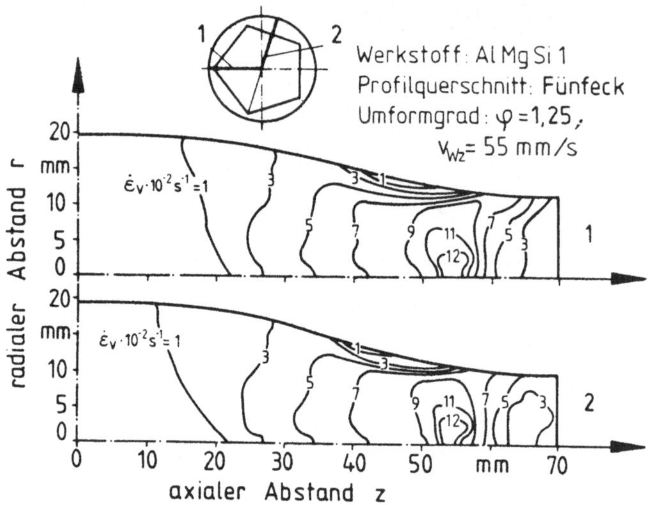

Bild 43: Vergleichsformänderungsgeschwindigkeiten für die Fünfeckform, Umformgrad φ = 1,25.

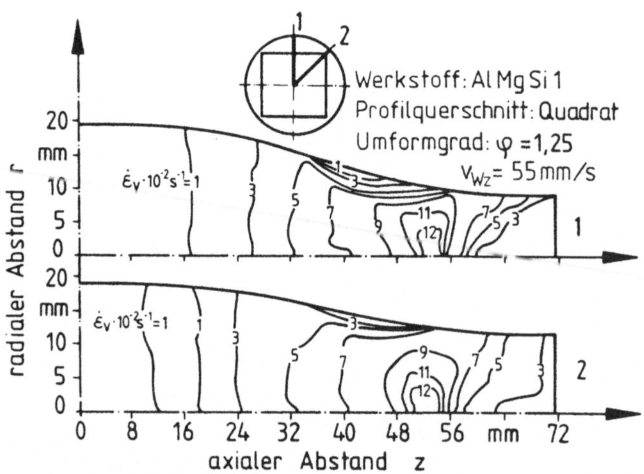

Bild 44: Vergleichsformänderungsgeschwindigkeiten für die Quadratform, Umformgrad φ = 1,25.

Die berechneten Vergleichsformänderungen der Fünfeck- und Quadratform sind in den Bildern 45 und 46 dargestellt. Entsprechend der Verteilung der Vergleichsformänderungsgeschwindigkeiten zeigen diese Bilder eine nahezu gleiche Verteilung der Vergleichsformänderungen in beiden Ebenen

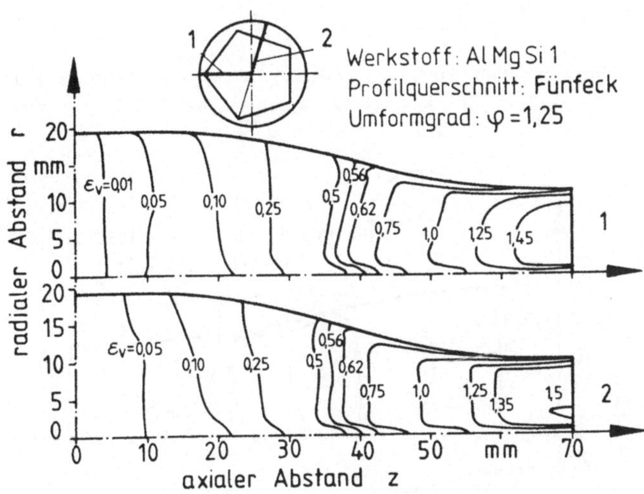

Bild 45: Vergleichsformänderungen für die Fünfeckform, Umformgrad φ = 1,25.

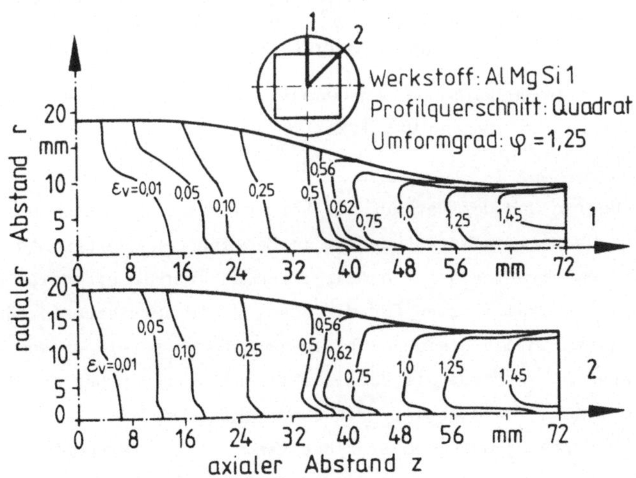

Bild 46: Vergleichsformänderungen für die Quadratform, Umformgrad φ = 1,25.

der jeweiligen Werkstückform. Das bedeutet, daß sich nur relativ kleine Abweichungen in den Vergleichsformänderungen dieser Werkstückquerschnittsform im Vergleich mit der kreisrunden ergeben. Dies kommt auch im berechneten Schiebungsmaß $\mathcal{H}$ (s. Abschnitt 6.2) zum Ausdruck, nämlich $\mathcal{H}$ = 0,28 für Fünfeckform und $\mathcal{H}$ = 0,45 für Quadratform (für kreisrunde Querschnittsform $\mathcal{H}$ = 0).

Ein deutlicher Unterschied der Formänderungsgeschwindigkeiten der untersuchten Ebenen ist bei der Kleeblattform zu erkennen (Bild 47).

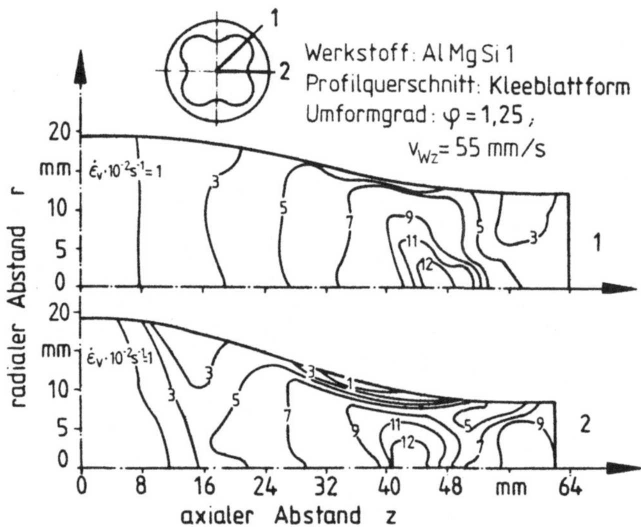

Bild 47: Vergleichsformänderungsgeschwindigkeiten für die Kleeblattform, Umformgrad φ = 1,25.

Während der Betrag und der Verlauf der Vergleichsformänderungsgeschwindigkeiten in der Ebene 1 am Werkstückrand im Bereich des Wendepunkts ungefähr dem bei größerem Umformgrad für den kreisrunden Profilquerschnitt entspricht (vgl. Bild 40), liegen für die Ebene 2 die Vergleichsformänderungsgeschwindigkeiten an der gleichen Stelle im Bereich derer für den entsprechend kleineren Umformgrad. Die Vergleichsformänderungen der Kleeblattform sind in Bild 48 dargestellt. Mit zunehmender Differenz der Verteilung der Vergleichsformänderungsgeschwindigkeiten in den untersuchten Ebenen, mit dem entsprechenden Schiebungsmaß $\mathcal{H}$ = 0,58, unterscheiden sich die Verteilungen der Formänderungen in beiden Ebenen in zunehmendem Maß.

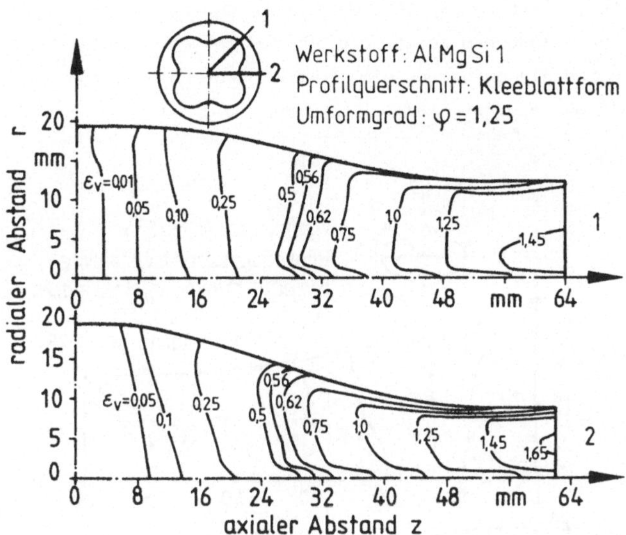

Bild 48: Vergleichsformänderungen für die Kleeblattform, Umformgrad
φ = 1,25.

Die Bilder 49 bis 52 für die verzerrte Kleeblattform und Rechteckform (l_1
/l_2 = 1,5) verdeutlichen die Abhängigkeit des Werkstoffflusses in den
untersuchten Ebenen vom radialen Abstand. Betrachtet man die genannten
Abstände der Ebene 1, 2 und 3 in Bild 49 als Radien dreier rotationssymmetrischer Körper, so kann, ausgehend vom Ausgangsdurchmesser der
kreiszylindrischen Rohteile, ein geometrischer Umformgrad $\varphi = 2 \ln (r_1/r_0)$
von 0,67 in der Ebene 1 und von 1,27 bzw. 1,57 in den Ebenen 2 bzw. 3
berechnet werden. Während die Verteilung der Vergleichsformänderungsgeschwindigkeiten in der Ebene 2 sowohl hinsichtlich des maximalen Wertes
in der Werkstückmitte als auch hinsichtlich des Verlaufs im Bereich des
Wendepunkts dem des kreisrunden Werkstückquerschnitts für den Umformgrad
φ = 1,25 entspricht (s. Bild 40), zeigt die Verteilung in der Ebene 1
einen eindeutig geringeren Betrag der maximalen Vergleichsformänderungsgeschwindigkeiten in der Werkstückmitte, und auch der Einfluß des Winkels
$2\alpha^*$ auf die Verteilung der Vergleichsformänderungsgeschwindigkeiten im
Bereich des Wendepunkts ist nur schwach ausgeprägt und kaum zu erkennen.
Die geringe Inhomogenität der Vergleichsformänderungsgeschwindigkeitsver-
teilung in der Ebene 1 wird auch durch den rechtwinkligen Verlauf der
Linien konstanter Vergleichsformänderungen über den größten Teil des

Querschnitts im Bereich zwischen Wendepunkt und Düsenaustritt in Bild 50 wiedergegeben. Außerdem zeigt Bild 50, daß in der Ebene 3, bedingt durch die größere radiale Umformung bzw. Schiebungen, die Inhomogenität der Vergleichsformänderungsverteilung zunimmt.

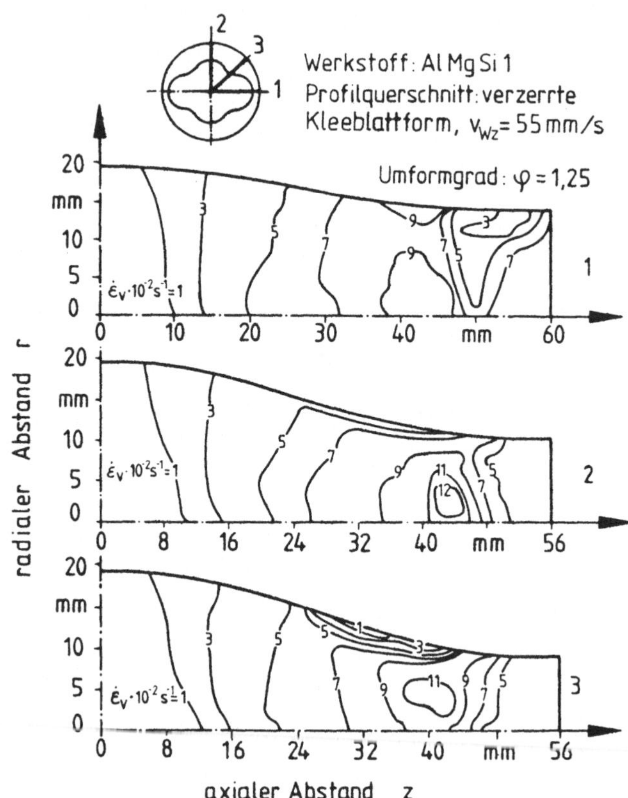

Bild 49: Vergleichsformänderungsgeschwindigkeiten für die verzerrte Kleeblattform, Umformgrad φ = 1,25.

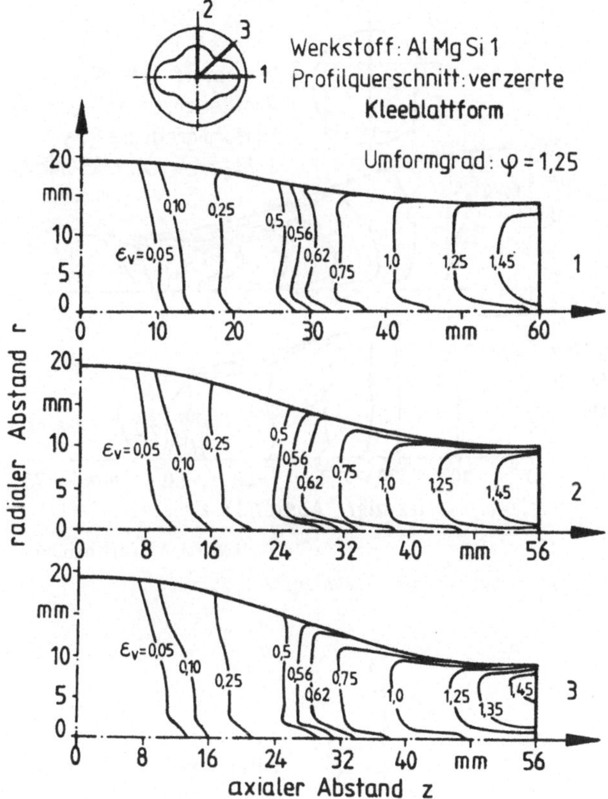

Bild 50: Vergleichsformänderungen für die verzerrte Kleeblattform, Umformgrad φ = 1,25.

Schließlich wird in den Bildern 51 und 52 die Vergleichsformänderungsgeschwindigkeits- und Vergleichsformänderungsverteilung bei der Rechteckform gezeigt. Auch hier ist zu erkennen, daß in den beiden Ebenen die Verteilungen der Vergleichsformänderungsgeschwindigkeit bzw. Vergleichsformänderungen nach Durchlaufen des Wendepunkts unterschiedlich sind, sowohl hinsichtlich der absoluten Beträge als auch hinsichtlich der Verläufe. Dies ist, im Gegensatz zur Fünfeckform, auf einen infolge der größeren Schiebungen stark inhomogenen Werkstofffluß zurückzuführen, was sich in einem Schiebungsmaß von χ = 0,85 äußert.

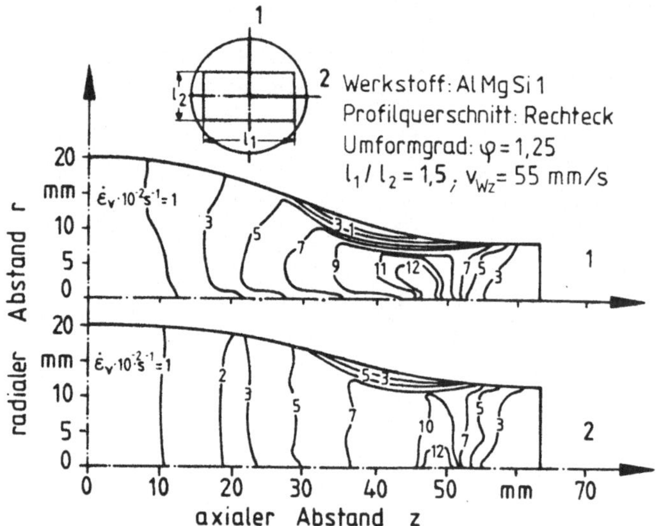

Bild 51: Vergleichsformänderungsgeschwindigkeiten für die Rechteckform $(l_1/l_2 = 1,5)$, Umformgrad $\varphi = 1,25$.

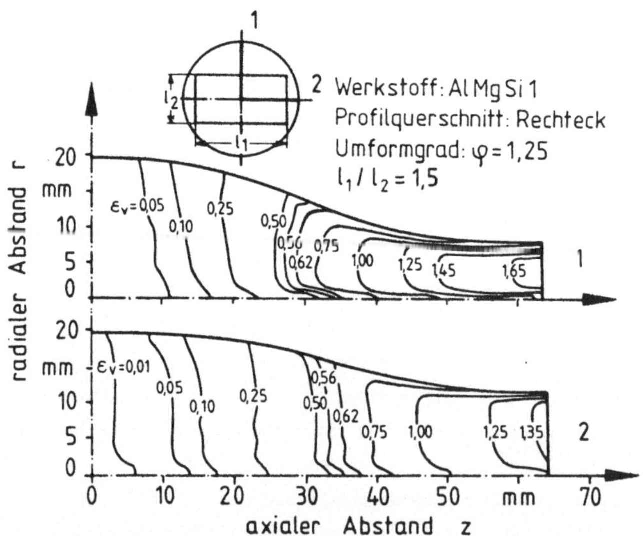

Bild 52 : Vergleichsformänderungen für die Rechteckform $(l_1/l_2 = 1,5)$, Umformgrad $\varphi = 1,25$.

Anhand dieser Ergebnisse und der Vergleiche mit dem Werkstofffluß beim hydrostatischen Pressen mit den kegeligen Matrizen (beim kreisrunden Werkstückquerschnitt) hat sich gezeigt, daß mit Matrizen mit stetigem Übergang fließgepreßte Werkstücke einen homogeneren Werkstofffluß aufweisen.

Die in 24 getroffene Annahme, daß die Schiebungen bei Verwendung von Matrizen mit stetigem Übergang vernachlässigt werden können, kann hier jedoch anhand der vorliegenden Ergebnisse, wie auch bereits beim Kraftbedarf (Abschnitt 5.3.1) nachgewiesen wurde, nicht bestätigt werden. Obwohl solche Matrizen am Düseneinlauf und -auslauf einen stetigen Übergang aufweisen, so daß an diesen Stellen nahezu keine Schiebungen auftreten, sind am Wendepunkt der Konturlinien Schiebungen vorhanden. Dadurch wird die Homogenität des Werkstoffflusses beeinflußt. Deshalb konnten die Erwartungen, mit dem beschriebenen Verfahren einen homogenen Werkstofffluß nicht in vollem Umfang erfüllt werden.

7   Werkstückeigenschaften

Der Einsatzbereich eines Verfahrens wird sowohl durch Kraft- und Arbeitsbedarf als auch durch die Eigenschaften der damit hergestellten Werkstücke bestimmt.

In den folgenden Abschnitten werden die beim hydrostatischen Voll-Vorwärts-Fließpressen unter Verwendung von Matrizen mit stetigem Übergang ermittelten mechanischen und geometrischen Werkstückeigenschaften für den Werkstoff AlMgSi 1 vorgestellt.

7.1   Mechanische Eigenschaften

Durch Werkstoffverfestigung und fehlende Rekristallisation bei der Kaltumformung nehmen die Festigkeitskennwerte (Härte, Zugfestigkeit und Dehngrenze) zu. Gleichzeitig fallen die Zähigkeitskennwerte wie z. B. Gleichmaßdehnung, Bruchdehnung und Brucheinschnürung ab. Auf diese Weise besteht die Möglichkeit, ohne zusätzliche Wärmebehandlung die Festigkeit und die Härtewerte durch die Verfestigung des Werkstoffs während des Umformvorgangs signifikant zu steigern.

7.1.1 Härte

Härtemessungen bieten die Möglichkeit zur einfachen Erfassung von Festigkeitseigenschaften und ihren Veränderungen bei hohem Auflösungsvermögen.

Für den bei den Versuchen verwendeten Werkstoff erfolgte die Messung der Härteverteilung im Werkstück nach Brinell (DIN 50351). Die Messungen wurden bei einem Belastungsgrad F/D^2 von 10 durchgeführt. Die Prüfkraft betrug 98,1 N (10 kp). Die Belastungsdauer wurde bei allen Messungen einheitlich auf 20 Sekunden eingestellt.

Die Härteeindrücke wurden auf in der Längsschnittebene geteilten Werkstücken, ausgehend vom Kopfteil über die Schulter bis ca. 20 mm in den Schaft hinein, durchgeführt. Der Abstand der Mitten zweier benachbarter Eindrücke wurde mit 3,0 mm so gewählt, daß keine gegenseitige Beeinflussung der Meßwerte auftrat (dieser Abstand entspricht dem 6fachen Wert des mittleren Eindruckdurchmessers (DIN 50351)).

Aufgrund der Ergebnisse der Werkstoffflußuntersuchungen war zu erwarten, daß bei nichtkreisrunden Profilquerschnitten sich in unterschiedlichen Längsschnitten unterschiedliche Werkstückeigenschaften ergeben würden. Deshalb wurden im Schaftbereich Härteverteilungen auch im Querschnitt ermittelt.

In den Bildern 53 und 54 ist die Härteverteilung über die gesamte Werkstücklänge für den kreisrunden Profilquerschnitt und verschiedene Umformgrade (φ=1,35 und 1,80) dargestellt. Die Härte im Kopfbereich entspricht der Rohteilhärte (22 bis 26 HB 1/10). Dies ist ein Hinweis darauf, daß im Kopfbereich infolge der Stützwirkung des Druckmediums keine Umformung stattfindet. Die Härte steigt, ausgehend vom Kopfteil, über den Schulterbereich nahezu kontinuierlich an und erreicht schließlich am Beginn des Schaftbereichs einen Wert, der über die gesamte Schaftlänge nahezu konstant bleibt.

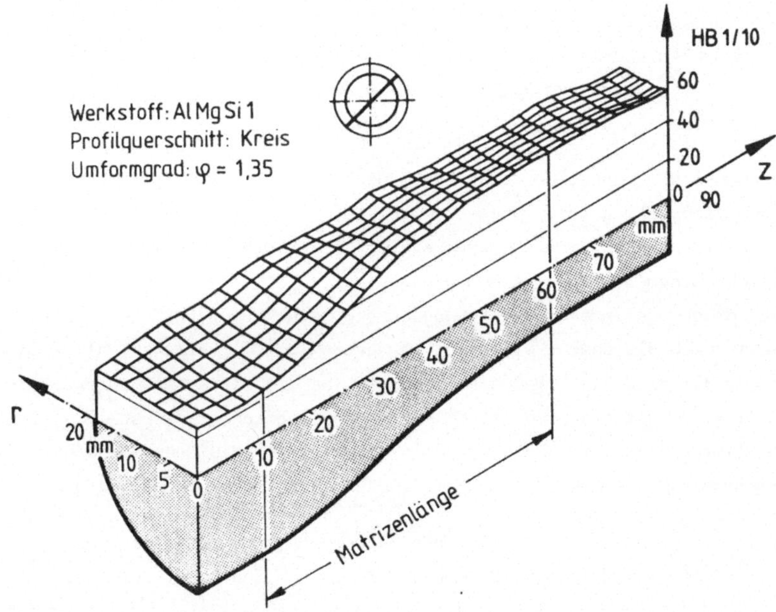

Bild 53 : Härteverteilung an einem hydrostatisch gepreßten Werkstück (Umformgrad φ = 1,35) für kreisrunden Profilquerschnitt.

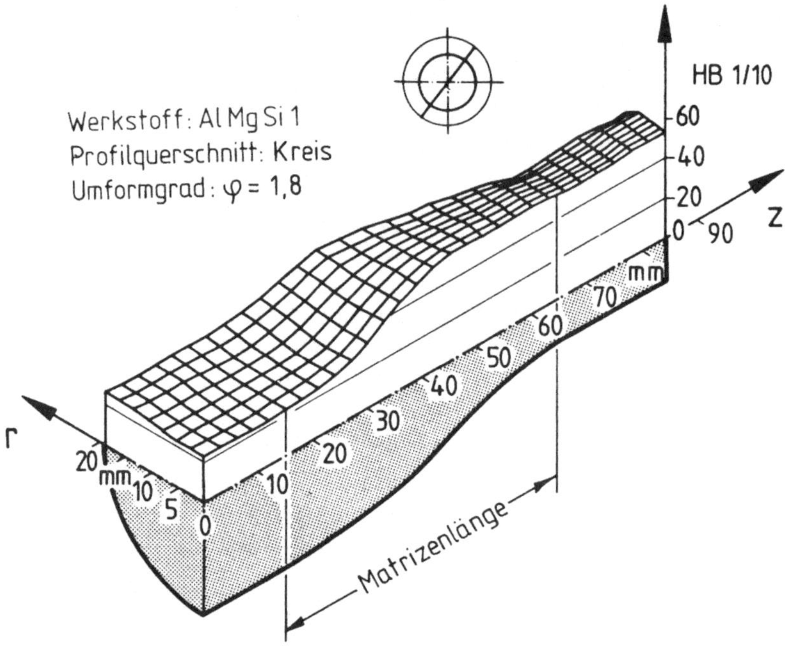

Bild 54 : Härteverteilung an einem hydrostatisch gepreßten Werkstück
(Umformgrad φ = 1,80) für kreisrunden Profilquerschnitt.

Gegenüber der Verteilung der Formänderung ist die Härteverteilung
wesentlich homogener. Dies konnte auf die verhältnismäßig geringe
Verfestigung des Werkstückwerkstoffs, die die Ausbildung einer
gleichmäßigen Härteverteilung begünstigt, zurückgeführt werden. Außerdem
ist diese geringe Verfestigung auch Ursache dafür, daß im Schaft der
Werkstücke, die sowohl mit dem Umformgrad φ = 1,35 (Bild 53) als auch mit
φ = 1,80 (Bild 54) fließgepreßt wurden, nahezu einheitliche Härtewerte,
die etwa doppelt so hoch liegen wie im Kopfbereich, festzustellen sind.
Die Unterschiede der Härte können einerseits auf die Meßunsicherheit und
andererseits auf die unregelmäßige Ausgangshärte zurückgeführt werden.

In Bild 55 sind die Ergebnisse der Härtemessungen für die Quadratform
beim Umformgrad φ = 1,0 dargestellt. Ähnlich wie bei der
Stoffflußuntersuchung wurden die Härtemessungen bei dieser Form parallel
zur Werkstücklängsachse in den Schnittebenen 1 und 2 durchgeführt. Der

Einfluß der unterschiedlichen Umformgrade bewirkt analog zu Ergebnissen
beim kreisrunden Profilquerschnitt nur eine geringfügige Änderung der Härteverteilung sowie der absoluten Härtewerte im Schaftbereich beider Ebenen.

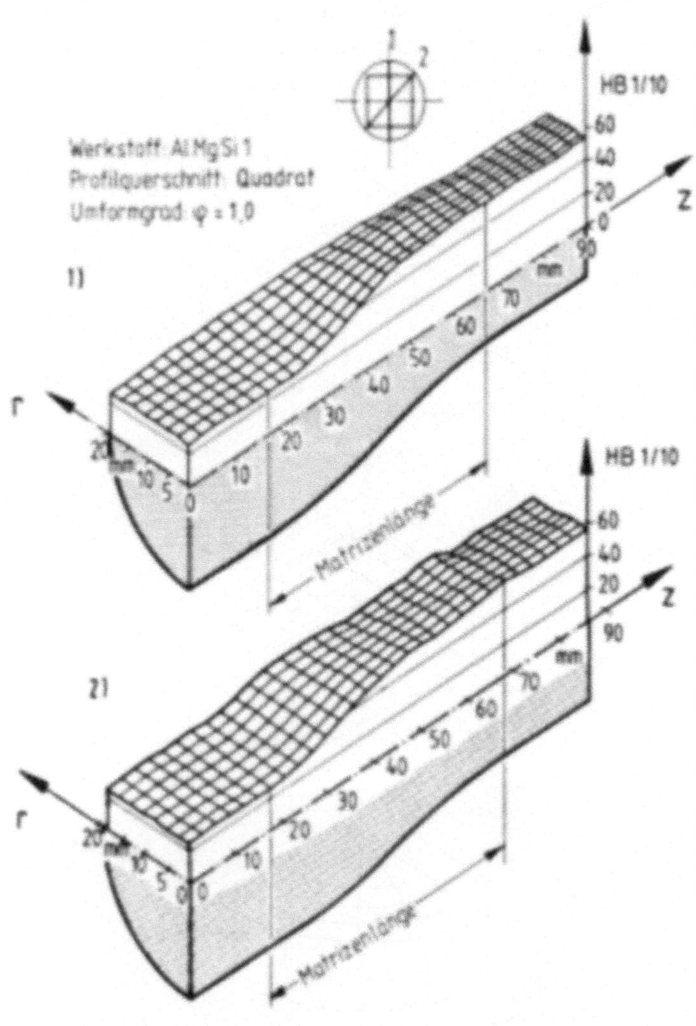

Bild 55: Härteverteilung an einem hydrostatisch gepreßten Werkstück
(Umformgrad φ = 1,0) für die Quadratform.

Zur Beschreibung der Härteverteilung in den Ebenen senkrecht zur Längsachse bei nichtkreisrunden Profilquerschnitten sind die Ergebnisse der Härtemessungen für die Quadrat- und die Rechteckform mit dem Kantenverhältnis l_1/l_2 = 1,5 in Bild 56 dargestellt. Um zu zeigen, welchen Einfluß der nichtkreisrunde Profilquerschnitt auf die Härteverteilung ausübt, wurden zusätzlich die Ergebnisse vom kreisrunden Profilquerschnitt mit dem gleichen Umformgrad (φ = 1,25) im Bild gegen-

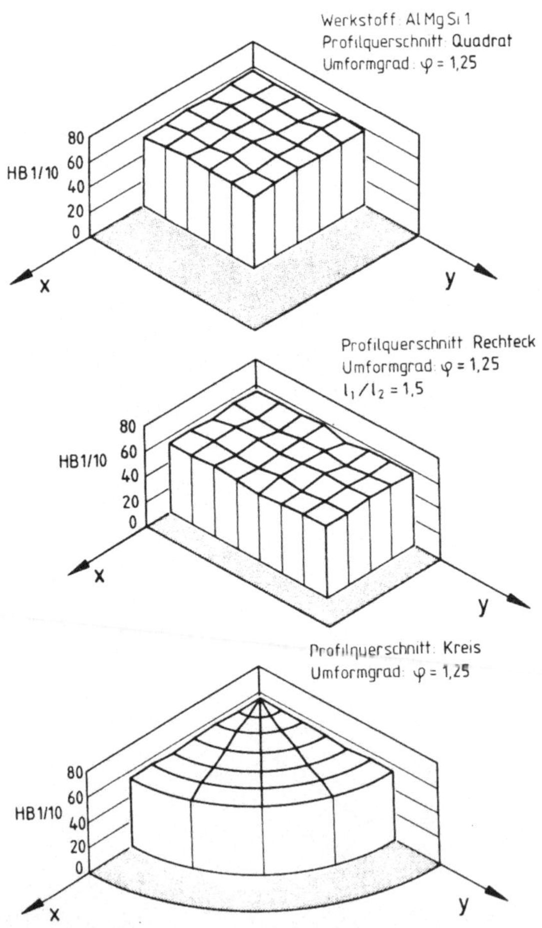

Bild 56: Die Härteverteilung in der Querschnittsebene von nichtkreisrunden und kreisrunden Profilquerschnitten (Umformgrad φ = 1,25).

übergestellt. Aus Symmetriegründen wurde von der jeweiligen Profilform nur ein Viertel mit den gemessenen Härtewerten dargestellt. Hierbei zeigt sich erneut, daß durch das Verfestigungsverhalten des Werkstückwerkstoffs nur geringe Unterschiede bei den gemessenen Härtewerten in den verschiedenen Ebenen auftreten.

7.1.2 Zusammenhang zwischen Härte und örtlicher Vergleichsformänderung

Von Wilhelm [34] wurde beim Voll-Vorwärts-Fließpressen nachgewiesen, daß für Stahlwerkstoffe ein Zusammenhang zwischen Härte und Vergleichsformänderung besteht. Eine entsprechende Abhängigkeit für Aluminiumwerkstoffe wurde bei verschiedenen Umformverfahren wie Kaltgesenkschmieden 37 und Radialumformen 38 aufgezeigt.

Obwohl nur ein geringer Einfluß des Umformgrads auf die Ergebnisse der Härtemessungen festgestellt werden konnte, wurde für die eingeschränkte Abschätzung der Vergleichsformänderungen in einer Teilungsebene nichtkreisrunder Werkstückquerschnitte ein derartiger Zusammenhang dargestellt. Dazu wurde aus den Ergebnissen der Stoffflußuntersuchungen und der Härtemessungen der Zusammenhang zwischen Härte und Vergleichsformänderung errechnet und in Bild 57 aufgetragen. In dieser Darstellung konnte infolge der Streuung der Ausgangshärte und der Meßunsicherheit bei den Härtemessungen sowie bei der Ermittlung der Vergleichsformänderungen nur ein Streuband, in dem die Meßwerte liegen, eingezeichnet werden. Zum Vergleich ist die Fließkurve im Bild angegeben.

Es zeigt sich, daß der Verlauf der Härtewerte mit dem Verlauf der Fließspannung in der Tendenz übereinstimmt; hieraus erklärt sich der geringe Unterschied der Ergebnisse der Härtemessungen in den Werkstückebenen in Abschnitt 7.1.1.

Zur Beschreibung der Abhängigkeit zwischen der Brinellhärte und der Vergleichsformänderung wurde mit Hilfe der Regressionsrechnung und der gemittelten Härtewerte eine analytische Funktion ermittelt:

$$HB\ 1/10 = A + 30\,\varepsilon_v^{\,0,14} \qquad\qquad (22)$$

wobei gilt:

A = 24 HB 1/10 (Mittelwert der Härte im Ausgangszustand).

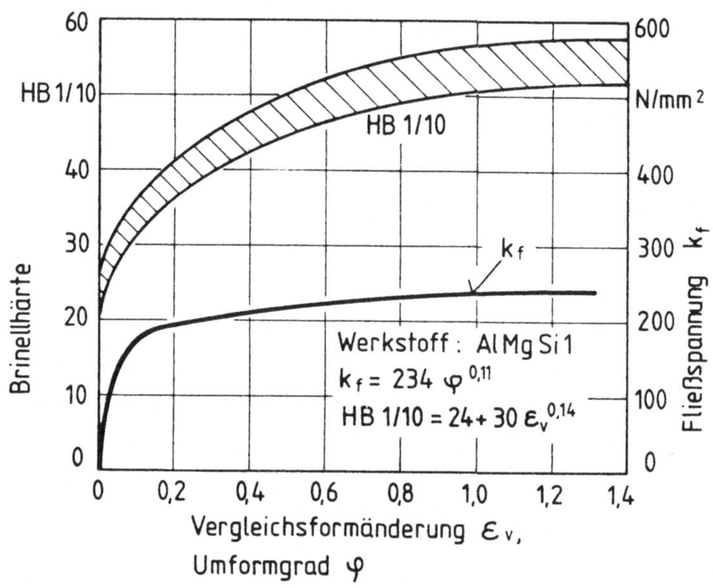

Bild 57: Zusammenhang zwischen der Vergleichsformänderung ε_v, der Brinellhärte HB und der Fließspannung k_f.

Die Spannweite der Meßwerte liegt zwischen 22 bis 26 HB 1/10 für die Vergleichsformänderungen ε_v = 0 (Ausgangszustand) und zwischen 52 bis 58 HB 1/10 für ε_v = 1,4.

Bedingt durch die geringe Steigung der Härteverläufe im Bereich großer Formänderungen und durch ihre große Bandbreite ist die Verwendung des obigen Zusammenhangs, wie zu erwarten war, nur bedingt ratsam.

7.1.3 Festigkeits- und Zähigkeitskennwerte

Die im Zug- und Stauchversuch ermittelten Festigkeitskennwerte sind von großer praktischer Bedeutung, da sie die Grundlagen für die beanspruchungsgerechte Auslegung von Bauteilen liefern. Mit den folgenden Ergebnissen werden die Festigkeits- und Zähigkeitskennwerte eines hydrostatisch gepreßten Werkstücks für verschiedene Umformgrade und Profilquerschnitte vorgestellt.

Mit Rücksicht auf die Schaftabmessungen der bei großen Umformgraden gepreßten Werkstücke wurden die für den Zugversuch nach DIN 50125 verwendeten Zugproben mit einheitlichen Abmessungen (B 30 x 6; kurzer Proportionalstab) angefertigt. Für den Stauchversuch nach DIN 50106 wurden Proben mit dem Durchmesser d_o = 10 mm und der Ausgangshöhe h_o = 16 mm gewählt.

In Bild 58 sind die im Zugversuch ermittelten mechanischen Kennwerte von gepreßten Teilen in Abhängigkeit vom Umformgrad aufgetragen und zwar für die kreisrunden Profilquerschnitte und den Werkstoff AlMgSi 1. Zum Vergleich sind die im Ausgangszustand ermittelten Kennwerte ebenfalls angegeben. Erwartungsgemäß steigen Zugfestigkeit (R_m) und Dehngrenze ($R_{p0,2}$) mit der Erhöhung des Umformgrades beim Fließpressen infolge der Verfestigung des Werkstoffs an. Demgegenüber nehmen Gleichmaßdehnung A_g, Bruchdehnung A_5 und Brucheinschnürung Z ab.

Die im Stauchversuch nach DIN 50106 ermittelte Stauchgrenze $\sigma_{d0,2}$ der Schäfte mit kreisrundem Querschnitt für verschiedene Umformgrade ist in Bild 59 dargestellt. Die Stauchgrenze der fließgepreßten Werkstücke liegt zwar höher als die Stauchgrenze des Werkstoffs im Ausgangszustand, nimmt aber mit zunehmendem Umformgrad beim Fließpressen ab. Ähnliche Erscheinungen wurden auch bei durch Verjüngen hergestellten Werkstücken beobachtet [39]. Diese werden durch den Wechsel der Belastungsrichtung, den Bauschinger-Effekt [40], verursacht; siehe auch Bild 60.

Die Zusammenstellung der aus dem Zug- und Stauchversuch ermittelten mechanischen Kennwerte $R_{p0,2}$ und $\sigma_{d0,2}$ in Abhängigkeit vom Umformgrad für kreisrunde Werkstückquerschnitte ist in Bild 60 dargestellt. Zum Vergleich wurde die Fließkurve mit eingezeichnet.
Die für die fließgepreßten Werkstücke ermittelte Dehngrenze $R_{p0,2}$ liegt

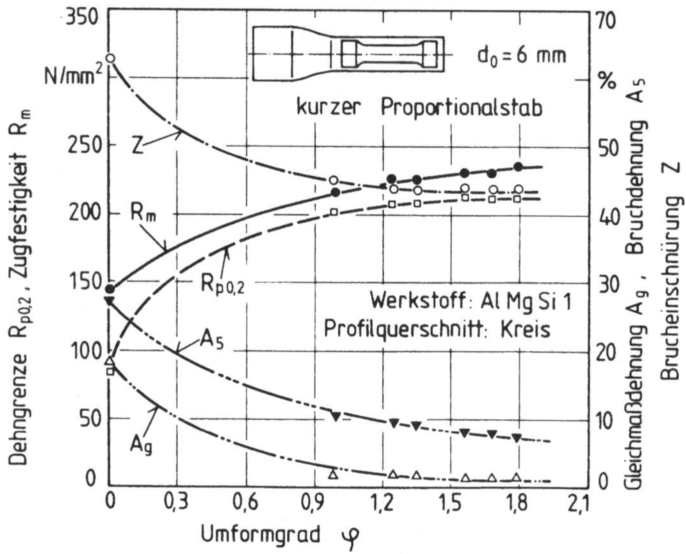

Bild 58: Im Zugversuch ermittelte mechanische Kennwerte der hydrostatisch
gepreßten Werkstücke.

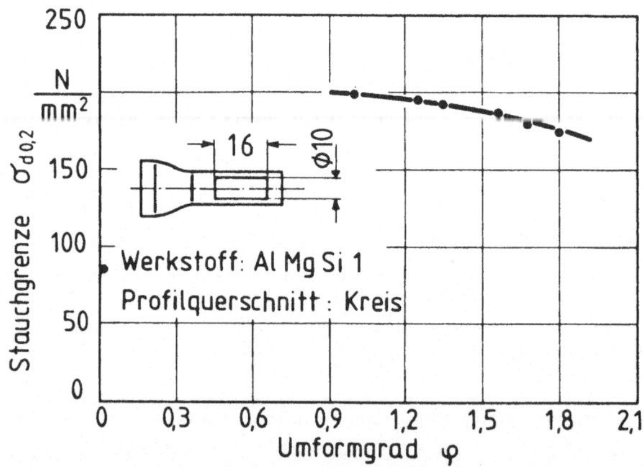

Bild 59: Im Stauchversuch ermittelte Stauchgrenze $\sigma_{d0,2}$ der hydrostatisch gepreßten Werkstücke.

geringfügig (um ca. 5 % bis 7 %) unter der Fließspannung k_f. Für den kleinsten untersuchten Umformgrad fallen Dehngrenze ($R_{p0,2}$) und Stauchgrenze $\sigma_{d0,2}$ etwa zusammen.

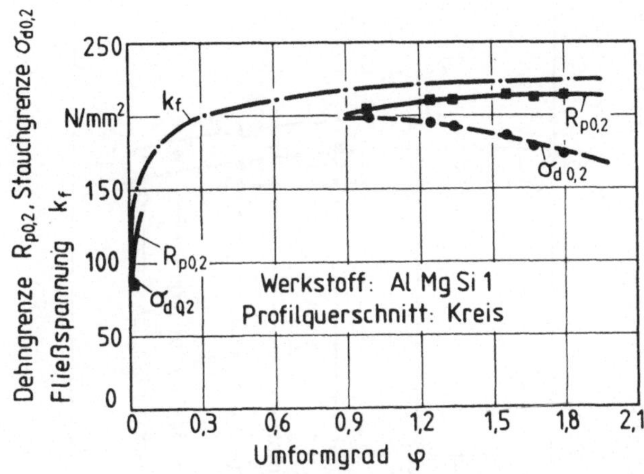

Bild 60: Abhängigkeit der Dehngrenze, Stauchgrenze und Fließspannung (Ausgangszustand) vom Umformgrad für kreisrunde Werkstückquerschnitte.

Die für die Werkstücke mit nichtkreisrundem Profilquerschnitt im Zug- und Stauchversuch ermittelten mechanischen Kennwerte R_m, $R_{p0,2}$ und $\sigma_{d0,2}$ sind in Bild 61 zusammen mit denen für den kreisrunden Profilquerschnitt (φ = 1,25) in Abhängigkeit vom Schiebungsmaß $\mathcal{K}$ (s. Abschnitt 6.2) gezeigt. Die Festigkeitskennwerte aus dem Zug- bzw. Stauchversuch fallen mit zunehmendem Schiebungsmaß, d. h. mit zunehmender Inhomogenität, im Werkstück ab. Die mit wachsendem Schiebungsmaß abnehmenden Festigkeitskennwerte können einerseits auf den Bauschinger-Effekt [40] und andererseits auf die Eigenspannungen im Werkstück zurückgeführt werden [45].

Anhand der in Bild 62 dargestellten Stauchproben, die aus dem Schaft von fließgepreßten Werkstücken in Werkstücklängsrichtung entnommen wurden, ist zu erkennen, daß der kreiszylindrische Probenquerschnitt beim Stauchen eine nicht-rotationssymmetrische Form annimmt. Die Ursache hierfür ist, daß die Formänderung von nichtkreisrunden Werkstücken von der Profilform abhängig ist und eine von der Profilform abhängige Verfestigung auftritt. Im anschließenden Stauchversuch fließt der Werkstoff zuerst in den Gebieten mit geringerer Verfestigung, d. h. niedrigerer Fließspannung.

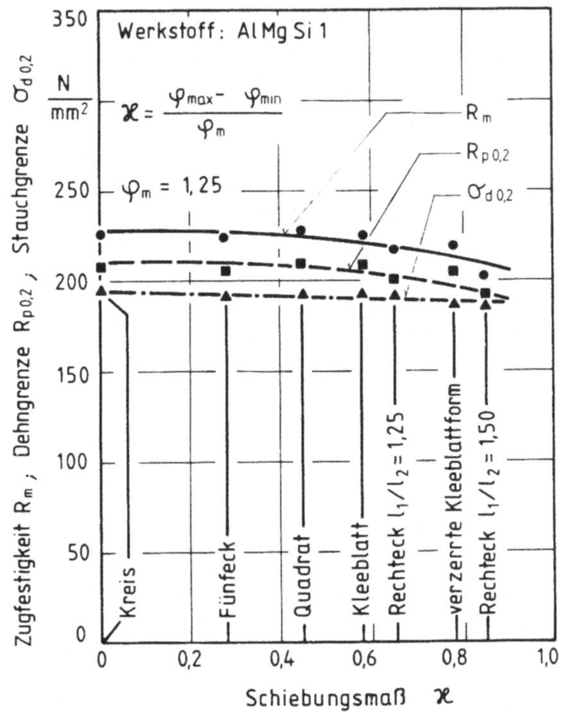

Bild 61: Abhängigkeit der Zugfestigkeit, Dehngrenze und Stauchgrenze vom Schiebungsmaß bei nichtkreisrunden Profilquerschnitten.

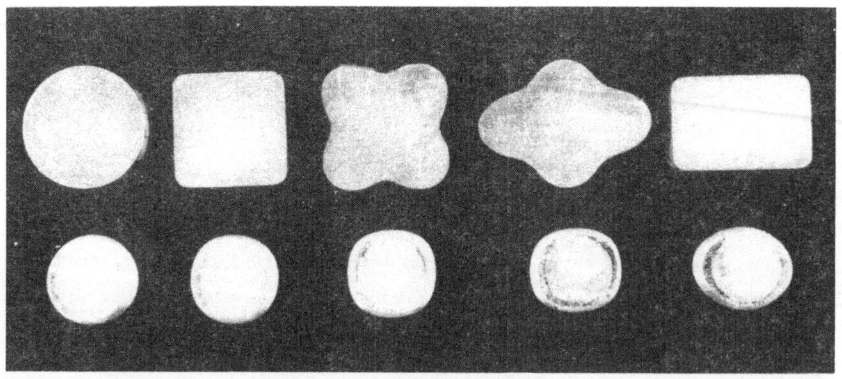

Bild 62: Stauchproben aus den Schäften der hydrostatisch fließgepreßten Werkstücke (h_o = 16 mm, h_1 = 0,5 h_o, d_o = 10 mm).

7.2 Geometrische Eigenschaften

7.2.1 Äußere Abmessungen

Bei allen Verfahren der Fertigungstechnik ist die exakte Maßgenauigkeit der zu erzeugenden Werkstücke nicht erreichbar, sondern immer nur innerhalb einer gewissen Bandbreite der zulässigen Abweichung zwischen Soll- und Istwert zu verwirklichen.

Maßgebend für Abmessungen des beim Voll-Vorwärts-Fließpressen (bei Raumtemperatur) fließgepreßten Schaftquerschnitts sind die Abmessungen der formgebenden Werkzeugöffnung unter Last [42] (Abmessungen im unbelasteten Zustand und deren Veränderungen unter Einwirkung der beim Vorgang auftretenden Belastung bzw. Drücke). Beim hydrostatischen Fließpressen ist neben der Aufweitung der Matrize noch die sich mit dem Druck bzw. Umformgrad ändernde Dicke des Schmierstoffilms zu berücksichtigen.

Zur Beschreibung der Maßgenauigkeit sowie der Maßabweichungen wurde der Schaftdurchmesser der kreisrunden Fließpreßteile an sechs gleichmäßig über die Schaftlänge verteilten Stellen mit einer Bügelmeßschraube (Skalenteilung: 0,01 mm), ausgehend vom Übergang Schulter /Schaft, auf einer Länge von 150 mm gemessen.

In Tabelle 6 sind die für den Schaftdurchmesser ermittelten Werte eingetragen. Es ist zu sehen, daß die Schaftdurchmesser in Abhängigkeit von der Schaftlänge sehr gleichmäßig sind. In einigen Fällen deutet sich auf den ersten 60 mm der Schäfte ein etwas kleinerer Durchmesser an als im restlichen Bereich. Geringfügige Abweichungen des Durchmessers liegen jedoch noch innerhalb der Meßunsicherheiten. Die gleichmäßigen Schaftdurchmesser sind auf eine gleichbleibende Aufweitung der Matrize, bedingt durch den konstanten hydrostatischen Druck während des Vorgangs, zurückzuführen.

Die Gegenüberstellung der Schaftdurchmesser mit dem jeweiligen Matrizendurchmesser im vorgespannten Zustand (Tab. 7) zeigt, daß die Schaftdurchmesser kleiner als die zugehörigen Matrizendurchmesser sind. Die relative Abweichung Δd nimmt mit wachsendem Umformgrad zu. Allein durch die elastische Aufweitung des Werkzeugs während des Pressens und durch die Auffederung des Werkstücks nach dem Pressen ist die Zunahme der

Tabelle 6: Schaftdurchmesser in Abhängigkeit von Schaftlänge und Umformgrad (Profilform: Kreis).

Schaftlänge in mm / Umformgrad	Schaftdurchmesser in mm					
	0	30	60	90	120	150
1,0	23,99	23,99	24,00	24,00	24,00	24,00
1,25	21,02	21,03	21,03	21,03	21,03	21,03
1,35	19,97	19,97	19,98	19,98	19,98	19,98
1,56	17,98	17,98	17,98	17,97	17,98	17,98
1,68	16,96	16,96	16,97	16,97	16,97	16,97
1,80	15,96	15,96	15,96	15,96	15,96	15,97

Tabelle 7: Relative Maßabweichung der hydrostatisch gepreßten Teile
(Profilform: Kreis).

Umform-grad φ	mittlerer vorge-spannter Matrizen-durchmesser $\overline{d}_M$ in mm	mittlerer Schaftdurch-messer $\overline{d}_M$ in mm	relative Abweichung $\Delta d = \dfrac{\overline{d}_M - \overline{d}_1}{\overline{d}_M} \cdot 100$ in %
1,0	24,02	24,00	0,08
1,25	21,06	21,03	0,14
1,35	20,02	19,98	0,20
1,56	18,02	17,98	0,22
1,68	17,03	16,97	0,35
1,80	16,01	15,96	0,31

relativen Abweichung auch bei Berücksichtigung der unterschiedlichen
E-Moduln (Werkzeug - Werkstück) nicht zu erklären. Die Ursache hierfür
könnte in der Schmierstoffilmdicke, die beim hydrostatischen Pressen mit
wachsendem Umformgrad zunimmt [43] , liegen.

Die für kreisrunde Profilquerschnitte ermittelten Ergebnisse gelten, wie
stichprobenartige Messungen zeigten, analog auch für nichtkreisrunde
Querschnittsformen.

7.2.2 <u>Oberflächenbeschaffenheit</u>

Die beim konventionellen Voll-Vorwärts-Fließpressen entstehende Oberflächenbeschaffenheit ist das Ergebnis einer Kombination aus freier Umformung, die eine Aufrauhung der Oberfläche bewirkt, und gebundener Umformung, durch die die Oberfläche eine Einglättung erfährt. Im allgemeinen überwiegt der Einfluß der gebundenen Umformung, so daß die Schäfte konventionell fließgepreßter Werkstücke eine geringere Rauheit aufweisen als die Rohteile [44] . Infolge der günstigen Schmierungsbedingungen ist beim hydrostatischen Fließpressen damit zu rechnen, daß der Anteil der freien Umformung zu Lasten des Anteils der gebundenen Umformung vergrößert wird, so daß die Rauheit hydrostatisch fließgepreßter Werkstücke größer ist als diejenige von unter vergleichbaren Bedingungen durch konventionelles Fließpressen hergestellten Teilen.

Die Erfassung der Oberflächenbeschaffenheit der Werkstücke erfolgte mit Hilfe eines Tastschnittgeräts vom Typ Hommel Tester T 20 S. Bei den Messungen waren am Meßgerät die Taststrecke l_t = 3,2 mm und die Tastgeschwindigkeit v_t = 0,5 mm/s fest eingestellt. Ermittelt wurde die Oberflächenbeschaffenheit des Kopfes, der Schulter (im Bereich des Wendepunkts der Matrizenkontur) und im Schaft. Die Tastrichtung lag parallel zur Werkstücklängsachse.

Zur Beschreibung der Oberflächenbeschaffenheit wurden die gemittelte Rauhtiefe R_{zDIN}, die gemittelte Glättungstiefe R_{pm} und die Mittenrauheit R_a herangezogen. Darüber hinaus wurden die relative Rauheitsänderung ρ = $(R_o - R_1)/R_o$ - wobei der Index o den Zustand vor, der Index 1 den Zustand nach der Umformung bezeichnet - sowie der Profilleeregrad λ = R_{pm}/R_{zDIN} zur Kennzeichnung der Veränderung der Oberflächenbeschaffenheit herangezogen.

In [44] wird darauf hingewiesen, daß die auf dem Werkstück verbleibende Restschicht aus Schmierstoffträger und Schmierstoff Unebenheiten in der Werkstückoberfläche teilweise ausfüllt und dadurch eine zu glatte Werkstückoberfläche vortäuscht. Deshalb wurde im vorliegenden Fall die Restschicht aus Schmierstoffträger und Schmierstoff durch kurzes Eintauchen der Werkstücke in ein Salpetersäurebad (Konzentration 50 %) entfernt.

Die Ergebnisse der Oberflächenmessungen im Kopf-, Schulter- und Schaftbereich hydrostatisch fließgepreßter Teile mit kreisrundem Querschnitt sind in Bild 63 für verschiedene Umformgrade dargestellt. Die aufgetragenen Meßwerte sind die Mittelwerte aus 6 Einzelmessungen entlang des jeweiligen Bereichs. Die Meßwerte im Kopfbereich geben die Beschaffenheit der Rohteiloberflächen wieder. Der gemittelte Profilleeregrad λ_0 liegt im Bereich $0,52 \leqq \lambda_0 \leqq 0,55$, was für spanend hergestellte Oberflächen typisch ist. Die Ergebnisse im Bild 63 zeigen, daß mit zunehmendem Umformgrad eine unterschiedliche Steigerung der Rauheit vom Kopf- zum Schulterbereich zu sehen ist. Dies wird auf die unterschiedliche Ausbildung der Schmierungsbedingungen bzw. des Schmierstoffilms im jeweiligen Schulterbereich zurückgeführt. Die Zunahme der Rauheit in der Schulter, die im allgemeinen mit steigendem Umformgrad geringer wird, ist ein Hinweis auf Überlagerung von freier und gebundener Umformung. Die Veränderung der Oberfläche zwischen Schulter und Schaft entspricht, wenn auch in geringem Maße, der Tendenz bei der werkzeuggebundenen Umformung, d. h. die Rauheit nimmt im Schaftbereich infolge der Einglättung im Bereich des Fließbundes ab. (Eine Ausnahme bilden Ergebnisse für Umformgrad $\varphi = 1,0$, die wohl als Ausreißer anzusehen sind.)

Die ermittelten relativen Rauheitsänderungen ρ_{zDIN}, ρ_{pm} sowie ρ_a und der Profilleeregrad λ_0 bzw. λ_1 sind für den kreisrunden Profilquerschnitt und verschiedene Umformgrade in Bild 64 dargestellt. Für die Umformgrade $\varphi = 1,0$ bis $1,68$ wurde eine negative Änderung der gemittelten Rauhtiefe festgestellt. Das bedeutet, daß beim hydrostatischen Fließpressen infolge der günstigen Schmierungsbedingungen eine Aufrauhung stattfindet, die mit zunehmendem Umformgrad abnimmt. Ähnliche Verhältnisse zeigt die relative Änderung der gemittelten Glättungstiefe ρ_{pm}, die mit wachsendem Umformgrad "schneller" in den positiven Bereich übergeht. Insgesamt zeigen diese Ergebnisse, daß bei kleinem Umformgrad die Oberflächenbeschaffenheit überwiegend durch freie Umformung und bei großem Umformgrad durch gebundene Umformung beeinflußt wird. Der geringe Anteil der gebundenen Umformung läßt sich auch daran ablesen, daß der Profilleeregrad der Schaftoberfläche lediglich - je nach Umformgrad - auf Werte im Bereich $0,36 \leqq \lambda_1 \leqq 0,42$ abgesenkt wurde.

Bild 65 zeigt zusammengefaßt die Ergebnisse der Oberflächenmessungen für den Schaftbereich kreisrunder Profilquerschnitte in Abhängigkeit vom

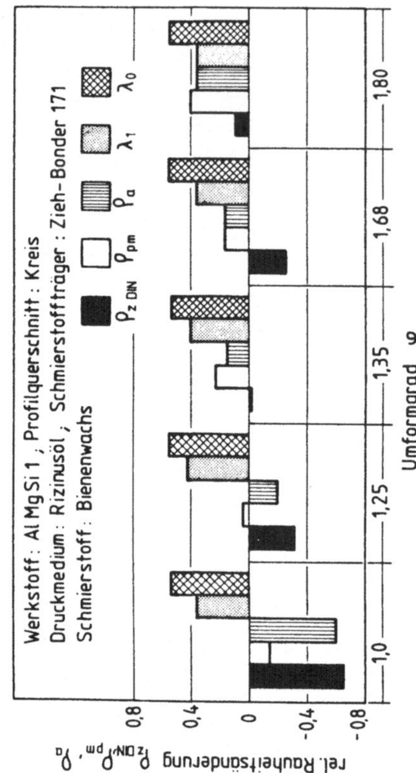

Bild 64: Relative Rauheitsänderung und Profilleeregrad hydrostatisch gepreßter Werkstücke mit kreisförmigem Profilquerschnitt in Abhängigkeit vom Umformgrad.

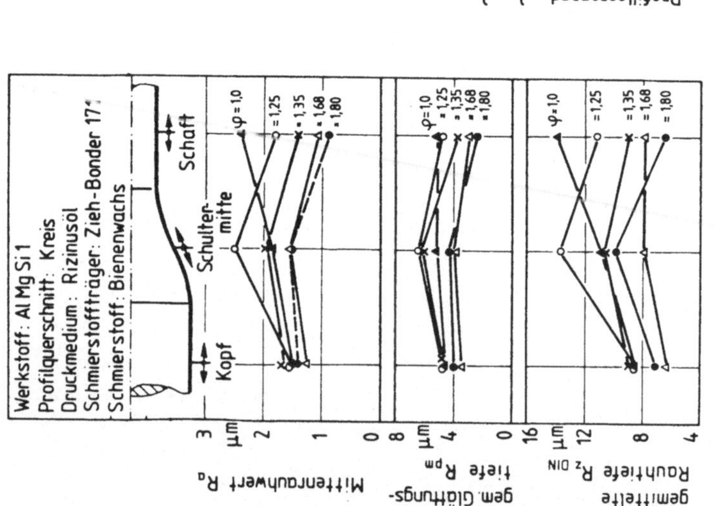

Bild 63: Gemittelte Rauhtiefe, gemittelte Glättungstiefe und Mittenrauhwert hydrostatisch gepreßter Werkstücke in Abhängigkeit vom Umformgrad für kreisrunde Profilquerschnitte.

Umformgrad. Danach nehmen die Rauheitsmeßgrößen der Schaftoberfläche mit wachsendem Umformgrad linear ab.

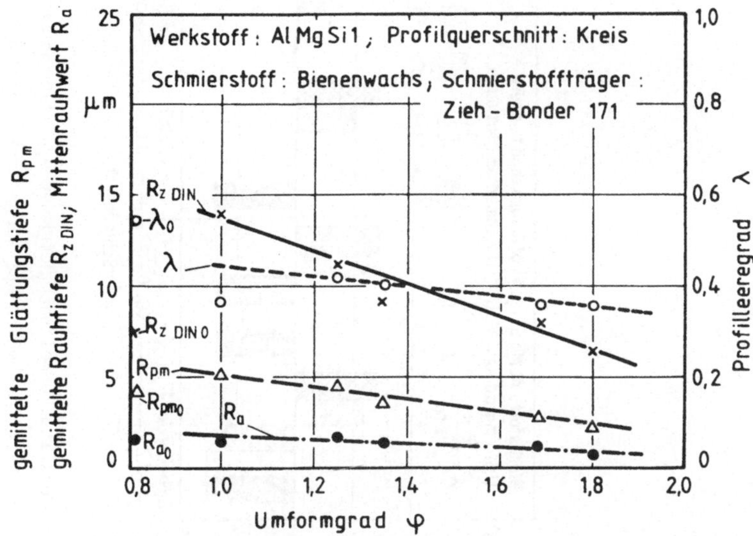

Bild 65: Rauheitsmeßgrößen der hydrostatisch gepreßten Werkstücke mit kreisrundem Profilquerschnitt in Abhängigkeit vom Umformgrad.

Der Einfluß des untersuchten Schmierstoffes auf die Oberflächenbeschaffenheit des Schaftes ist Bild 66 zu entnehmen. Die Werte der relativen Rauheitsänderungen ρ_{zDIN}, ρ_{pm} und ρ_a sind in Bild 67 zusammen mit dem Profilleeregrad dargestellt. Typisch für alle untersuchten Schmierstoffe ist eine stärkere Zunahme von R_{zDIN} im Vergleich zu R_{pm} zwischen Kopf- und Schulterbereich festzustellen. Daraus ist zwischen Kopf- und Schulterbereich entsprechend den ermittelten Profilleeregraden eine gebundene Umformung abzuleiten. Vom Schulter- zum Schaftbereich (Ausnahme bei Z + B und Z) ist eine weitere Zunahme sowohl der gemittelten Rauhtiefe R_{zDIN} als auch der gemittelten Glättungstiefe R_{pm} ersichtlich. Dem entsprechen die in Bild 67 gezeigten relativen Rauheitsänderungen ρ_{zDIN}, ρ_{pm} sowie ρ_a, die im negativen Bereich liegen. Die ermittelten Profilleeregrade sind eine Bestätigung dafür, daß sich freie und gebundene Umformung überlagern, wobei (für den hier vorliegenden Umformgrad $\varphi = 1,35$) gebundene Umformung überwiegt.

Anhand der obigen Ergebnisse läßt sich feststellen, daß Ceplattyn KG 10

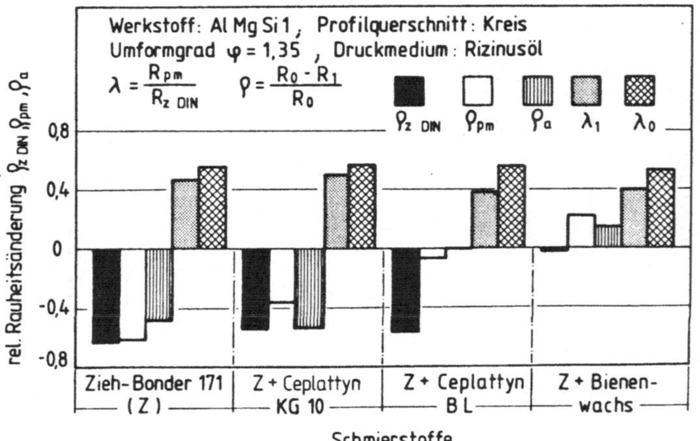
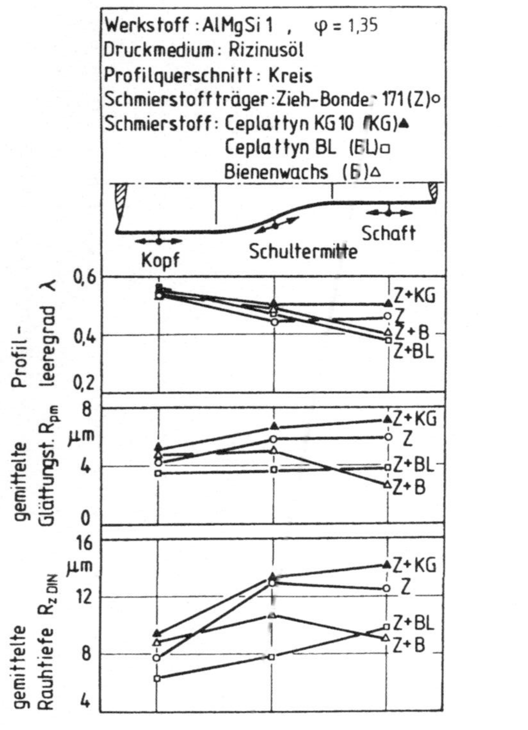

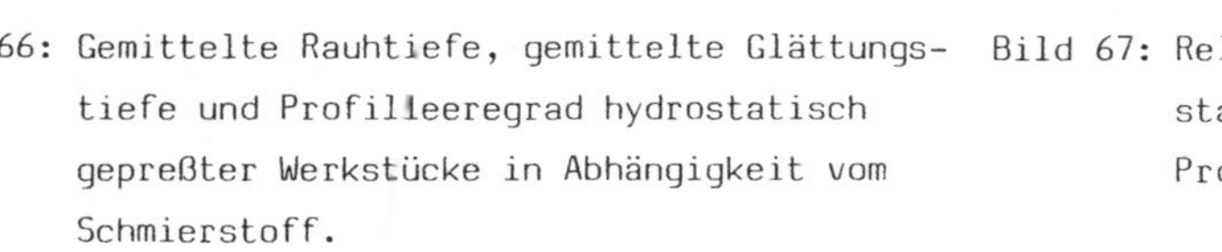

Bild 66: Gemittelte Rauhtiefe, gemittelte Glättungstiefe und Profilleeregrad hydrostatisch
gepreßter Werkstücke in Abhängigkeit vom
Schmierstoff.

Bild 67: Relative Rauheitsänderung und Profilleeregrad hydrostatisch gepreßter Werkstücke mit kreisförmigem
Profilquerschnitt in Abhängigkeit vom Schmierstoff.

(graphithaltiges Mineralöl) sowie die Schmierstoffträgerschicht allein die höchste Tragfähigkeit besitzen.

In Bild 68 sind die Ergebnisse der Oberflächenmessungen an einem Kleeblattquerschnitt mit dem Umformgrad φ = 1,25 dargestellt. Die Messungen wurden an den Stellen 1 und 2 der größten bzw. kleinsten Profilausdehnung vorgenommen. Es zeigt sich, daß die Rauheitszunahme vom Kopf- zum Schulterbereich für beide Meßstellen gleich ist. Dagegen sind im Schaft deutliche Unterschiede festzustellen.

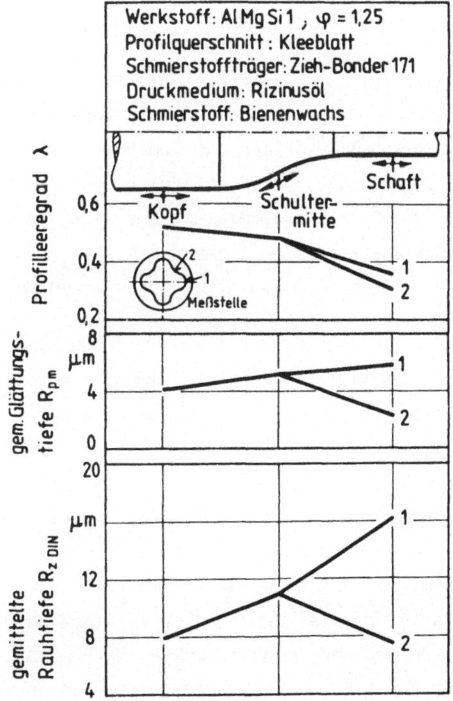

Bild 68: Gemittelte Rauhtiefe, gemittelte Glättungstiefe und Profilleeregrad in Abhängigkeit von der Lage der Meßstelle bei
der Kleeblattform.

An der Meßstelle 1 (größte Profilausdehnung - kleinster radialer Umformgrad) ist eine weitere Zunahme von R_{zDIN} mit großer Steigung gegenüber der Schulter und eine geringere Zunahme von R_{pm} ersichtlich. An der Meßstelle 2 (geringste Profilausdehnung - größter radialer

Umformgrad) tritt dagegen eine Einglättung gegenüber der Schultermitte auf. Die gemittelte Rauhtiefe R_{zDIN} im Schaft erreicht wieder den Ausgangswert. Die gemittelte Glättungstiefe im Schaft liegt deutlich darunter. Der ermittelte Profilleeregrad des Schaftes liegt sowohl für die Meßstelle 1 als auch für die Meßstelle 2 deutlich unter dem Wert des Kopfs. Das bedeutet, daß die Oberflächenbeschaffenheit beider Stellen überwiegend durch gebundene Umformung beeinflußt wird.

7.3   Gefüge

Im Schrifttum werden zur Frage des Einflusses des hydrostatischen Pressens auf die Gefügeausbildung unterschiedliche Ansichten vertreten. Kerspe [6] konnte bei seinen Untersuchungen keine Unterschiede in der Gefügeausbildung zwischen hydrostatisch und konventionell fließgepreßten Werkstücken beim Werkstoff QSt 32-3 feststellen. Dagegen weist Seido [4] darauf hin, daß für Werkstücke aus Aluminiumlegierungen beim hydrostatischen Pressen durch "die vorteilhaften Auswirkungen der Schmierungsbedingungen, die die Reibung bis auf ein Minimum herabsetzen", ein feineres Gefüge erzielt werden kann.

Für die eigenen Untersuchungen beim Werkstoff AlMgSi 1 wurde das Gefüge im Kopf- und im Schaftbereich jeweils in der Werkstückmitte und in der Randzone untersucht.

In Bild 69 sind die Gefügeaufnahmen des Kopfbereichs im Längs- und Querschnitt dargestellt. Es zeigt sich ein Unterschied zwischen den Korngrößen in der Werkstückmitte und der Randzone. Während in der Werkstückmitte des Längsschliffs (Bild 69 a) ein grobes, zeiliges Gefüge vorliegt, weist die Randzone ein feines und langgestrecktes Gefüge auf. Die Gefügeaufnahme im Querschliff (Bild 69 b) läßt den Unterschied der Korngrößen im Kopfbereich qualitativ erkennen.

An den gepreßten Werkstücken läßt sich dagegen nur ein geringer Unterschied des Gefüges zwischen der Werkstückmitte und der Randzone ausmachen, wie Bild 70 zeigt. Die grobe, zeilige Gefügestruktur in der Werkstückmitte wurde durch Umformung weiter gestreckt. Innerhalb der einzelnen Zeilen sind die Körner kaum noch zu erkennen. In der Randzone führt die Umformung dagegen nur zu geringfügigen Veränderungen der

Gefügestruktur, so daß die Gefügeunterschiede im Schaftbereich zwischen Werkstückmitte und Randzone zwar wahrnehmbar, aber weit geringer als im nicht umgeformten Zustand sind.

Es ist anzunehmen, daß die durch den Preßvorgang herbeigeführte Homogenisierung des Gefüges auch beim unter vergleichbaren Bedingungen durchgeführten konventionellen Fließpressen eingetreten wäre und insofern nicht für das hydrostatische Fließpreßverfahren typisch ist.

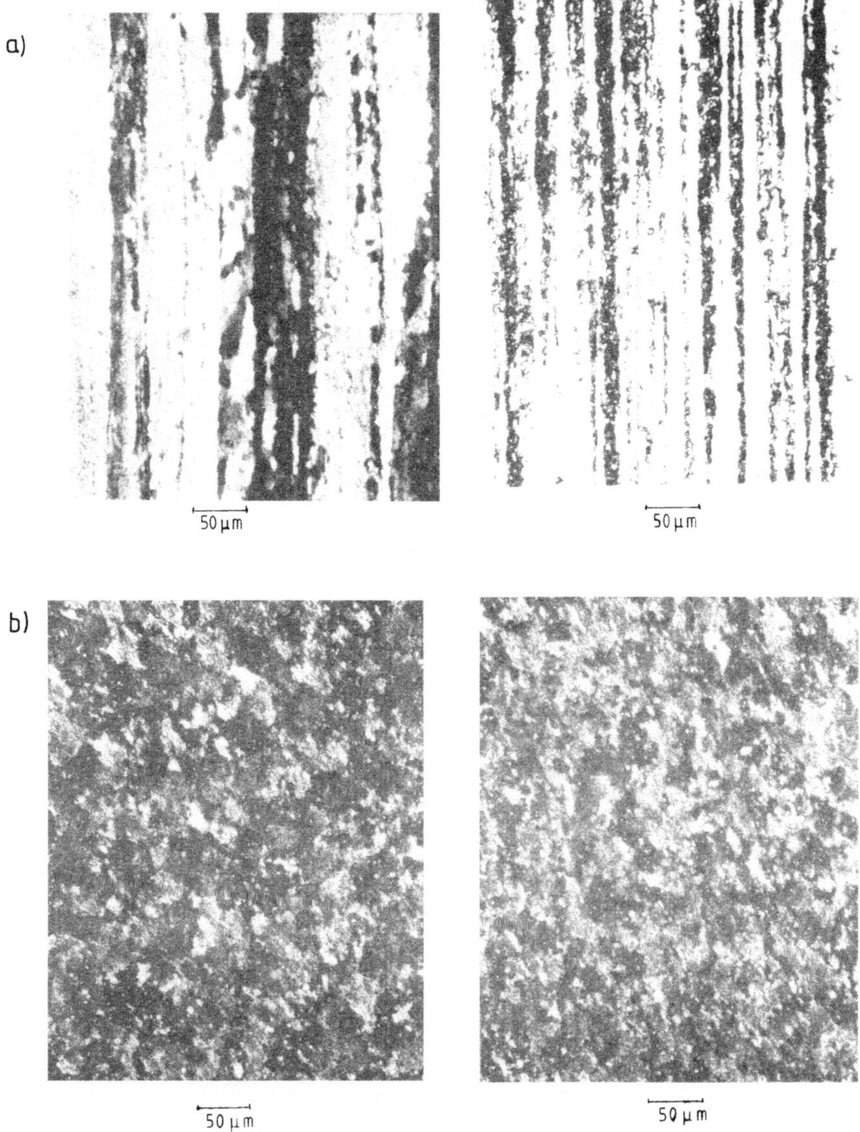

Bild 69: Gefügeaufnahmen des nicht umgeformten Teils des Werkstücks aus AlMgSi 1. (links Probenmitte, rechts Randzone)
a = Längsschliff, b = Querschliff.

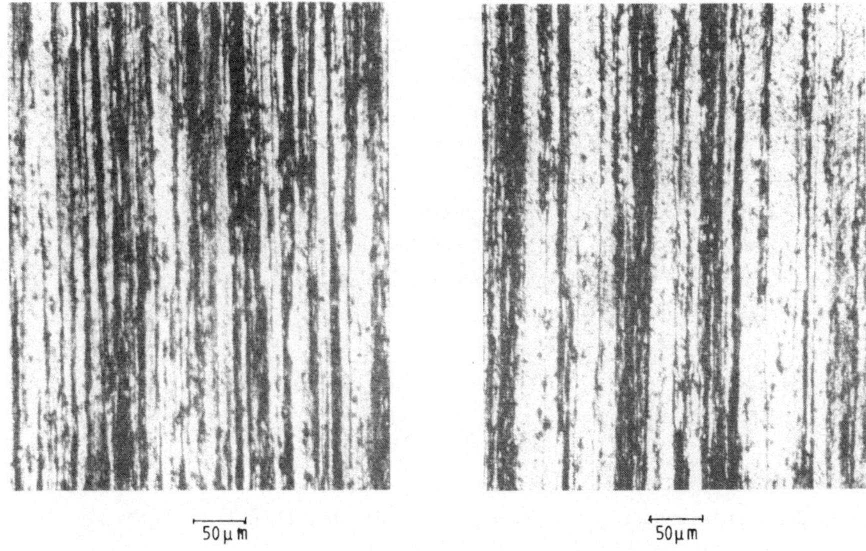

Bild 70: Gefügeaufnahmen des umgeformten Werkstücks aus AlMgSi 1 (Umformgrad φ = 1,8, kreisrunder Profilquerschnitt)
links Probenmitte, rechts Randzone.(Längsschliff).

8   Folgerungen für die praktische Anwendung

Aus den Ergebnissen der Untersuchung zum hydrostatischen Voll-Vorwärts-
Fließpressen unter Verwendung von Matrizen mit stetigem Übergang lassen
sich einige Hinweise für die praktische Anwendung ableiten.

Die für die Versuche notwendigen Werkzeuge wurden, abgesehen vom
Dichtungselement, zum Abdichten des Druckraums auf der Stempelseite
entsprechend den beim konventionellen Voll-Vorwärts-Fließpressen
verwendeten Werkzeugen konstruiert. Die Dichtung wurde so konstruiert,
daß die Standzeit des gesamten Systems nicht allein von der Lebensdauer
der O-Ringe abhängig ist. Dadurch kann eine erhebliche Vergrößerung der
Standzeit des Dichtungssystems erreicht werden.

Die Rohteile müssen beim hydrostatischen Fließpressen unter Verwendung
von Matrizen mit stetigem Übergang im Vergleich zu kegeligen Matrizen
nicht mehr mit einer Fase versehen werden, da diese zum Abdichten des
Druckraums zwischen Werkstück und Matrize bei Beginn des Preßvorgangs
nicht mehr nötig ist. Dies bedeutet eine Vereinfachung der aufwendigen
Rohteilvorbearbeitung bei erhöhter Werkstoffausnutzung.

Durch stetigen Übergang vom Aufnehmer zum eigentlichen formgebenden Teil
bei den verwendeten Matrizen treten an Ein- und Auslauf im Gegensatz zu
kegeligen Matrizen geringere Schiebungen und damit geringere
Schiebungsverluste auf. Als Folge davon sind ein homogenerer
Werkstofffluß mit entsprechend besserer Homogenität der mechanischen
Eigenschaften der Werkstücke und ein verringerter Kraft- bzw. Druckbedarf
zu erkennen; das muß jedoch mit höherer radialer Beanspruchung von Aufnehmer und Werkzeug erkauft werden.

Eine sehr sorgfältige Auswahl von Schmierstoffen ist zur Vermeidung der
Druckspitze zu Beginn und der Stick-Slip-Erscheinungen im weiteren
Verlauf des Fließpreßvorgangs notwendig. Im Fall der Verwendung von Rizinusöl gleichzeitig als Druckmedium und Schmierstoff wurde eine mangelhafte
Bildung des Schmierstoffilms festgestellt. Für den Werkstoff AlMgSi 1
lieferte die Kombination von Rizinusöl und Bienenwachs als Druckmedium
und Schmierstoff die besten Ergebnisse. Die Haftung des Schmierstoffs
kann durch Aufbringen einer Schmierstoffträgerschicht auf die Rohteile
verbessert werden.

Als Folge des konstanten hydrostatischen Drucks zeigen die gefertigten Werkstücke eine hohe Gleichmäßigkeit der Schaftdurchmesser über der Schaftlänge. Die Unterschiede zwischen den Abmessungen der formgebenden Öffnung der Matrize und den entsprechenden Schaftabmessungen werden mit zunehmendem Umformgrad größer. Die Beschaffenheit der Schaftoberfläche kann wegen der Bildung der günstigen Schmierungsbedingungen in der Umformzone die Oberflächengüte eines durch konventionelles Fließpressen hergestellten Werkstücks nicht erreichen.

Der Einfluß der nichtkreisrunden Profilform auf die benötigten Drücke hat, bedingt durch günstige Reibungsbedingungen und geringe Schiebungen, nur eine untergeordnete Bedeutung. Die Matrizenherstellung (vor allem für nichtkreisrunde Profilquerschnitte) kann auf heute verfügbaren Werkzeugmaschinen problemlos durchgeführt werden.

Aufgrund dieser Erkenntnisse kann das hydrostatische Fließpressen unter Verwendung von Matrizen mit stetigem Übergang als ein geeignetes Verfahren für die Herstellung von nichtkreisrunden Profilquerschnitten, ausgehend von Rohteilen mit kreisrundem Querschnitt, sowie zum Umformen von Stückgut, angesehen werden.

Gegenstand der Untersuchung war das hydrostatische (Dickfilm-)Fließpressen von kreisrunden und nichtkreisrunden Werkstückquerschnitten. Die verwendeten Matrizen besitzen einen stetigen Konturübergang zwischen dem Eintritts- und dem Austrittsquerschnitt in Achsrichtung für kreisrunde Profilquerschnitte sowie in Achs- und Umfangsrichtung für nichtkreisrunde Querschnittsform. Die Vorgehensweise zur Festlegung der Innenkontur derartiger Matrizen wird beschrieben. Der Einfluß dieses Konturübergangs auf den Kraftbedarf, den Werkstofffluß und die Werkstückeigenschaften wurde untersucht.

Das Versuchswerkzeug muß, bedingt durch die Verwendung eines hohen Flüssigkeitsdrucks, zusätzlich zur konventionellen Konstruktion mit einem statischen Dichtungselement zur stempelseitigen Abdichtung des Druckraums versehen werden. Mit der verbesserten Ausführung des in [6, 24] beschriebenen statischen Dichtungssystems konnte eine sichere Abdichtung dieses Druckraums erzielt werden. Im Gegensatz zum hydrostatischen Fließpressen mit kegeligen Matrizen müssen zum Abdichten des Druckraums zwischen Werkstück und Matrize zu Beginn des Fließpreßvorganges die Rohteile nicht mehr mit einer Fase versehen werden.

Zur Unterdrückung der beim Pressen häufig auftretenden Stick-slip-Erscheinungen und der Druckspitze bei Vorgangsbeginn, wurden für den Werkstoff AlMgSi 1 mehrere Schmierstoffe erprobt. Das Druckmedium ist – auch in Verbindung mit Zusatzschmierstoffen – nicht in der Lage, eine ausreichende Schmierung sicherzustellen. Die Rohteile müssen deshalb mit einer Schmierstoffträgerschicht versehen werden. Durch sorgfältige Abstimmung der Schmierungsbedingungen läßt sich ein konstanter Verlauf des hydrostatischen Drucks im stationären Bereich des Vorgangs erreichen.

Die Verwendung von Matrizen mit stetigem Übergang führt zu einer Minimierung der Schiebungen und damit zu einer Verringerung des erforderlichen hydrostatischen Drucks. Zur Berechnung des beim Pressen benötigten Drucks werden Rechenansätze von Siebel und Pugh angewandt. Mit dem gewählten äquivalenten Schulteröffnungswinkel $2\alpha^{**}$ liefern die berechneten Ergebnisse im Verhältnis zu beim Pressen ermittelten Drücken gut übereinstimmende Werte. Die Unterschiede zwischen kreisrunden und nichtkreisrunden Werkstückquerschnitten sind hinsichtlich des zur

Umformung benötigten Drucks, bedingt durch die Ausbildung der Schmierungsbedingungen, mit entsprechend günstigen Reibungsbedingungen im formgebenden Teil, nur geringfügig.

Mit Hilfe der Methode der Visioplasticity wurden örtliche Vergleichsformänderungsgeschwindigkeiten und Vergleichsformänderungen bei kreisrunden und nichtkreisrunden Werkstückquerschnitten bestimmt. Um den Werkstofffluß bei nichtkreisrunden Profilquerschnitten zu verdeutlichen, wurden für die in Abhängigkeit von der Werkstückform unterschiedlichen ausgezeichneten Ebenen Untersuchungen durchgeführt. Der Werkstofffluß im nichtkreisrunden Werkstückquerschnitt ist vom jeweiligen örtlichen Umformgrad in radialer Richtung abhängig. Durch die geringeren Schiebungen und die günstigen Reibungsbedingungen weisen die gepreßten Werkstücke einen gegenüber den kegeligen Matrizen gepreßten Werkstücken wesentlich homogeneren Werkstofffluß auf.

Für den Werkstoff AlMgSi 1 wird der Zusammenhang zwischen örtlicher Vergleichsformänderung und Brinellhärte aufgezeigt. Wegen dieses Zusammenhangs können beim hydrostatischen Fließpressen aufgrund von Härtemessungen Aussagen über die örtlichen Vergleichsformänderungen gemacht werden.

Die Schäfte der gepreßten Werkstücke weisen über der Länge eine große Gleichmäßigkeit der Abmessungen auf. Die mikrogeometrische Beschaffenheit der Schaftoberfläche entsteht durch eine Kombination aus freier und gebundener Umformung. Wegen des größeren Anteils an freier Umformung kann die Rauheit der Schaftoberfläche eines hydrostatisch fließgepreßten Werkstücks größer sein als diejenige des entsprechenden durch konventionelles Fließpressen hergestellten Werkstücks.

Schrifttum

[1]   Ruppin, D.; Müller, K.: Kaltstrangpressen von Aluminiumwerkstoffen
      mit Druckfilmschmierung, Teil I, II, III. Aluminium 56 (1980) 4,
      S. 263 - 268; Aluminium 56 (1980) 5, S. 329 - 331; Aluminium 56
      (1980) 6, S. 403 - 406.

[2]   Laue, K.; Stenger, H.: Strangpressen - Verfahren - Maschinen -
      Werkzeuge. Aluminium Verlag Düsseldorf 1979.

[3]   Pugh, H. Ll. D.; Donaldson, C. J. H.: Hydrostatic Extrusion - A
      Review Annals of the C. I. R. P. Vol. 21/2 1972. S. 283 - 292.

[4]   Seido, M.; Mitsugi, S.: Hydrostatisches Strangpressen und seine
      industrielle Anwendung. Draht 33 (1982) 8. S. 471 - 475.

[5]   Ruppin, D.; Muller, K.: Vergleichende Untersuchung des Hydrofilm-
      pressens und des indirekten Strangpressens mit hydrostatischen
      Schmierverhältnissen. Aluminium 55 (1979) 11, S. 711 - 715.

[6]   Kerspe, J. H.: Hydrostatisches Fließpressen: Verfahrensparameter
      und Werkstückeigenschaften. Berichte aus dem Institut für Umform-
      technik, Universität Stuttgart, Nr. 69. Berlin, Heidelberg, New
      York, Tokyo: Springer 1983.

[7]   Tuschy, E.: Strangpressen-- Neue Verfahren. Metall 36 (1982) 3,
      S. 269 - 279.

[8]   Geiger, R.: Umformen unter Anwendung eines hydrostatischen Druckes.
      In: Lehrbuch der Umformtechnik Band 3, herausgegeben von K. Lange,
      Springer-Verlag, Berlin, Heidelberg, New York 1975.

[9]   Ruppin, D.; Müller, K.: Hydrostatisches Strangpressen mit
      Schmiermittelminimierung ("Hydrafilm"-Verfahren). DGM-Symposium
      "Neue Verfahren der Massivumformung". Bad Nauheim 1981.

[10] Iyenger, H. S. R.; Rice, W. B.: Fluid Film Lubrication in Hydrosta-
      tic Extrusion. Annals of the C. I. R. P. XVII 1969, S. 117 - 121.

[11]   Sheljaskow, Sh.: Hydrostatisches Dickfilm-Fließpressen. In: "Neuere
        Entwicklungen im Bereich der Massivumformung" Seminar Stuttgart
        1977.

[12]   Willis, J.; Bryant, A. J.: Das Kalt-Strangpressen von Aluminium
        und Aluminiumlegierungen. Metallkunde Bd. 61 (1970) H. 10,
        S. 683 - 692.

[13]   Fiorentino, R. J.; Meyer, G. E.; Byrer, T. G.: Some practical
        considerations for hydrostatic extrusion. Metallurgia and Metal
        Forming. 1974 (41), Part 1, S. 193 - 197. Part 2, S. 210 - 213.

[14]   Altan, T.: A Simplified Analysis of the Lubricated Shape-Extrusion
        Progress. Fourth NAMRC (1976) 5.

[15]   Hogland, R.; Friborg, S.; Ermel, D.: Stand und Anwendungsmöglich-
        keiten des hydrostatischen Strangpressens. Aluminium 55 (1979) 3,
        S. 223 - 225.

[16]   Pugh, H. Ll. D., Ashcroff, K.: Das hydrostatische Strang- und
        Fließpressen von Metallen. Industrie Anzeiger, Nr. IV (1964)
        S. 605 - 612.

[17]   Kopp, R.; Lang, G.; Haber, G.; Voswinckel, G.: Effect of section
        shape on extrusion load: extrusion of round and flat sections.
        Metals Technology, Vol. 10 Sept. 1983.

[18]   Akeret, R.: Einfluß der Querschnittsform und der Werkzeuggestal-
        tung beim Strangpressen von Aluminium. Teil 1: Vorgänge in der
        Umformzone. Aluminium 59 (1983) S. 665 - 669.

[19]   Lang, G.: Abschätzung der Reibung im Preßkanal beim direkten und
        indirekten Strangpressen von Al 99,6. Aluminium 59 (1981),
        S. 791 - 796.

[20]   Hornauer, H.: Vorausbestimmung der Umformkräfte beim Strangpressen
        von Leichtmetallprofilen. Aluminium 32 (1956), S. 350 - 356.

[21]   Kopp, R.; Voswinckel, G.: Zum Einfluß der Profilform auf die
        Strangpreßkraft. Aluminium 60 (1984) 8, S. 590 - 594.

[22]   Vater, M.; Heil, H. P.: Der Einfluß der Profilform auf den Kraft-
        bedarf beim Strangpressen. Aluminium 45 (1969), S. 141 - 149.

[23]   Nagpal, V.; Altan, T.: Analysis of the Three-Dimensional Metal
        Flow in Extrusion of Shapes with the Use of Dual Stream Functions.
        Proc. 3rd NAMRC, Pittsburgh 1975, S. 26 - 40.

[24]   Yang, D. Y.; Lange, K.: Analysis of Hydrofilm Extrusion of Three-
        Dimensional Shapes from Round Billets. Int. J. Mech. Sci. Vol 26,
        1984, S. 1 - 9.

[25]   Yang, D. Y.; Lee, C. H.: Analysis of Three-Dimensional Extrusion
        of sections Through Curved Dies by Conformal Transformation. Int.
        J. Mech. Sci. Vol 20 (1978), S. 541 - 552.

[26]   Yang, D. Y.; Lange, K.: On the Equivalent Friction Factor in
        Hydrofilm Extrusion. Int. J. Mech. Sci. Vol. 25, 1983,
        S. 277 - 281.

[27]   Nagpal, V.; Altan, T.: Computer Aided Design and Manufacturing
        of Dies for Lubricated Extrusion of Shapes. Journal of Mechanical
        Working Technology, 1 (1977), S. 183 - 201.

[28]   Nagpal, V.: On the Solution of Three Dimensional Metal-Forming
        Processes. Trans. of the ASME 8 (1977), S. 624 - 629.

[29]   Cho, N. S.; Yang, D. Y.: Analysis of Hydrofilm Extrusion Through
        Optimized Curved Dies. Int. J. Mech. Sci. Vol. 24 (1982),
        S. 589 - 595.

[30]   Yang, D. Y.; Kim, M. U.; Lee, C. H.: A New Approach for Generalized
        Three-Dimensional Extrusion of Sections from Round Billets by
        Conformal Transformation. IUTAM Symposium Tutzing /Germany 1978,
        S. 203 - 222.

[31]   VDI 3200: Fließkurven metallischer Werkstoffe, Blatt 1 Grundlagen.
        Düsseldorf: VDI 1978.

[32]   Lange, K.: Lehrbuch der Umformtechnik, Band 2 Massivumformung.
        Berlin, Heidelberg, New York: Springer 1974.

[33]   Thomsen, e. G.: Visioplasticity. CIRP Annals 1963, Vol. 12 /1963.

[34]   Wilhelm, H.: Untersuchungen über den Zusammenhang zwischen der
         Vickershärte und Vergleichsformänderung bei Kaltumformvorgängen.
         Berichte aus dem Institut für Umformtechnik, Universität Stuttgart,
         Nr. 9. Essen: Girardet 1969.

[35]   Lange, K.: Umformtechnik Band 1, 2. Aufl.: Grundlagen. Berlin,
         Heidelberg, New York, Tokyo: Springer 1984.

[36]   Ohnishi, T.; Shimura, H.; Tanaka, E.: An Experimental Study on Die
         Profile and Redudant Strain in Hot Extrusion of Aluminium. Journal
         of JSTP, Vol. 23, Nr. 260 (1982), S. 870 - 877.

[37]   Hoang-Vu, K.: Möglichkeiten und Grenzen des Kaltgesenkschmiedens
         als eine fertigungstechnische Alternative für kleine, genaue
         Formteile. Berichte aus dem Institut für Umformtechnik, Universi-
         tät Stuttgart, Nr. 65. Berlin, Heidelberg, New York: Springer 1982.

[38]   Paukert, R.: Rechnerische Ermittlung von Zustandsgrößen beim Ra-
         dialumformen. Berichte aus dem Institut für Umformtechnik, Univer-
         sität Stuttgart, Nr. 78. Berlin, Heidelberg, New York, Tokyo:
         Springer 1984.

[39]   Binder, H.: Untersuchungen über das Verjüngen von zylindrischen
         Vollkörpern. Berichte aus dem Institut für Umformtechnik, Univer-
         sität Stuttgart, Nr. 58. Berlin, Heidelberg, New York: Springer
         1980.

[40]   Stüwe, H. P.: Einfluß von wechselnder Beanspruchungsrichtung auf
         die Fließspannung von Metallen. In: Grundlagen der Umformtechnik I.
         Symposium Stuttgart 1983. Berichte aus dem Institut für Umform-
         technik, Universität Stuttgart, Nr. 74. Berlin, Heidelberg, New
         York, Tokyo: Springer 1983.

[41]   Pugh, H. Ll. D.: Mechanical Behaviour of Materials under Pressure.
         Elsevier Publishing Company Limited, 1970. Amsterdam, London,
         New York.

[42]   Diether, U.: Fließpressen von Stahl im Temperaturbereich 773 K
        (500 °C) bis 1073 K (800 °C). Berichte aus dem Institut für Um-
        formtechnik, Universität Stuttgart, Nr. 54. Berlin, Heidelberg,
        New York: Springer 1980.

[43]   Cho, N. S., Yang, D. Y.: Analysis of Hydrofilm Extrusion of Ellip-
        tic Shapes Using Pertubation Method. Int. J. Mech. Sci. Vol. 25,
        No 4 (1983) S. 283 - 292.

[44]   Dannenmann, E.: Die Veränderung der Oberflächenbeschaffenheit beim
        Voll-Vorwärts-Fließpressen von Stahl. Annals of the CIRP Vol. XVII,
        S. 353 - 365.

[45]   Tekkaya, A. E.; Lange, K.: Determination of Residual Stresses in
        Industrial Extrusion. Proc. NAMRC XII, Houghton /Michigan 1984,
        S. 103 - 110.

Berichte aus dem Institut für Umformtechnik der Universität Stuttgart

Herausgeber Professor Dr.-Ing. Kurt Lange

1 **Untersuchung über den Einfluß der Belastungszeit auf die Streuung der Rückfederung von Biegeteilen**
Von Dipl.-Ing. Klaus Tafel. 70 Seiten Text u. 64 Seiten mit 49 Bildern u. 15 Tafeln.   Vergriffen

2/3 **Untersuchungen über das freie Napfen**
Von Dipl.-Ing. Gerhard Schmitt und Dipl.-Ing. Dieter Schmoeckel.
Untersuchungen über den Kraft- und Arbeitsbedarf sowie den Umformwirkungsgrad beim Vorwärts-Vollfließpressen von Stahl
Von Dipl.-Ing. Dieter Kast. 40 Seiten Text u. 43 Seiten mit 47 Bildern u. 5 Tafeln.   28,— DM

4 **Untersuchungen über die Werkzeuggestaltung beim Vorwärts-Hohlfließpressen von Stahl und Nichteisenmetallen**
Von Dipl.-Ing. Dieter Schmoeckel. 72 Seiten Text u. 117 Seiten mit 179 Bildern.   39,— DM

5 **Untersuchungen über das Stauchen und Zapfenpressen**
Von Dipl.-Ing. Märten Burgdorf. 126 Seiten Text u. 58 Seiten mit 138 Bildern u. 4 Tafeln.   55,— DM

6 **Untersuchungen über die Streuung der Kräfte und Arbeiten beim Fließpressen in der laufenden Fertigung und den Einfluß der Phosphatschichtdicke und des Schmiermittels**
Von Dipl.-Ing. Hans-Dietrich Witte. 38 Seiten Text u. 48 Seiten mit 49 Bildern.   30,— DM

7 **Untersuchungen über das Rückwärts-Napffließpressen von Stahl bei Raumtemperatur**
Von Dipl.-Ing. Gerhard Schmitt. 132 Seiten Text u. 93 Seiten mit 130 Bildern u. 5 Tafeln.   34,— DM

8 **Die Abbildegenauigkeit beim Biegen im 90°-V-Gesenk und ihre Beeinflussung durch Nachdrücken im Gesenk**
Von Dipl.-Ing. Eckart Dannenmann. 50 Seiten Text u. 31 Seiten mit 28 Bildern u. 1 Tafel.   Vergriffen

9 **Untersuchungen über den Zusammenhang zwischen Vickershärte und Vergleichsformänderung bei Kaltumformvorgängen**
Von Dipl.-Ing. Hans Wilhelm. 50 Seiten Text u. 35 Seiten mit 37 Bildern u. 2 Tafeln.   Vergriffen

10 **Untersuchungen über das Abstreckziehen von zylindrischen Hohlkörpern bei Raumtemperatur**
Von Dipl.-Ing. Rolf K. Busch. 86 Seiten Text u. 92 Seiten mit 97 Bildern.   Vergriffen

11 **Vorgänge beim elektromagnetischen und elektrohydraulischen Umformen von metallischen Werkstücken**
Von Dipl.-Ing. Herbert Müller. 90 Seiten Text u. 110 Seiten mit 93 Bildern u. 10 Tafeln.   22,— DM

12 **Ein Verfahren zur näherungsweisen Berechnung des Spannungs- und Formänderungszustandes beim Fließen starrplastischer Werkstoffe**
Von Dipl.-Ing. Gerhard Adler. 124 Seiten Text u. 76 Seiten mit 72 Bildern.   Vergriffen

13 **Modellgesetzmäßigkeiten beim Rückwärtsfließpressen geometrisch ähnlicher Näpfe**
Von Dipl.-Ing. Dieter Kast. 101 Seiten Text u. 73 Seiten mit 60 Bildern u. 6 Tafeln.   Vergriffen

14 **Untersuchungen über das Genauschneiden von Stahl und Nichteisenmetallen**
Von Dipl.-Ing. Wilfried Kramer. 96 Seiten Text u. 132 Seiten mit 128 Bildern u. 10 Tafeln.   Vergriffen

15 **Entwicklung und Erprobung eines Simulators zur reproduzierbaren Nachahmung der Kraft-Weg-Verläufe von Umformvorgängen**
Von Dipl.-Ing. Kurt Schmid. 88 Seiten Text u. 38 Seiten mit 35 Bildern u. 2 Tafeln.   17,— DM

16 **Walzrichten von Metallbändern mit symmetrisch angestellter Fünf-Walzen-Richtmaschine**
Von Dipl.-Ing. Hans-Dietrich Witte. 108 Seiten Text u. 63 Seiten mit 60 Bildern u. 8 Tafeln.   22,— DM

17/18 **Erzeugung räumlicher Blechgebilde mittels Flächenbiegung**
Konstruktion, Abwicklung und Herstellung von Schraubtorsen aus Blech
Von Prof. Dr.-Ing. E. h. Dr. techn. h. c. Otto Kienzle.
120 Seiten Text u. 55 Seiten mit 86 Bildern u. 3 Tafeln.   22,— DM

19 **Einfluß der Alterung auf die mechanischen Eigenschaften von Stählen zum Kaltfließpressen**
Von Dipl.-Ing. Vladimir Hasek. CSc. 43 Seiten Text u. 54 Seiten mit 50 Bildern u. 3 Tafeln.   16,— DM

20 **Beitrag zur Frage der Spannungen, Formänderungen und Temperaturen beim axialsymmetrischen Strangpressen**
Von Dipl.-Ing. Rolf Dalheimer. 118 Seiten Text u. 76 Seiten mit 79 Bildern u. 3 Tafeln.   Vergriffen

21 **Über den Einfluß der Werkzeuggeschwindigkeit auf den Stauchvorgang**
Von Dipl.-Ing. H.-J. Metzler. 127 Seiten Text u. 100 Seiten mit 94 Bildern u. 6 Tafeln.   25,— DM

22 **Numerische Behandlung von Verfahren der Umformtechnik**
Von Dr.-Ing. Elmar Steck. 67 Seiten Text u. 22 Seiten mit 43 Bildern.   16,— DM

23 **Ein Verfahren zur näherungsweisen Berechnung der Wärmeentwicklung und der Temperaturverteilung beim Kaltstauchen von Metallen**
Von Dipl.-Ing. Walther Pohl. 78 Seiten Text u. 51 Seiten mit 61 Bildern u. 4 Tafeln.   21,— DM

24 **Untersuchungen über das Drückwalzen zylindrischer Hohlkörper und Beitrag zur Berechnung der gedrückten Fläche und der Kräfte**
Von Dipl.-Ing. Hans-Jürgen Dreikandt. 161 Seiten Text u. 79 Seiten mit 73 Bildern u. 6 Tafeln.   Vergriffen

25 **Über den Formänderungs- und Spannungszustand beim Ziehen von großen unregelmäßigen Blechteilen**
Von Dipl.-Ing. Vladimir Hasek, CSc. 129 Seiten Text u. 106 Seiten mit 109 Bildern u. 9 Tafeln.   35,— DM

26 **Über die Anisotropie des plastischen Verhaltens stranggepreßter Stäbe aus hexagonalen Metallen**
Von Dipl.-Ing. Günther Schroder. 129 Seiten Text u. 75 Seiten mit 97 Bildern u. 2 Tafeln.   Vergriffen

27 **Die Messung der mechanischen Kontaktspannung in der Wirkfuge Werkzeug — Werkstück bei Umformverfahren**
Von Dipl.-Ing. Fritz Dohmann. 99 Seiten Text u. 82 Seiten mit 93 Bildern u. 4 Tafeln.   Vergriffen

28 **Beitrag zur rechnerunterstützten Auslegung von Pressengestellen**
Von Dipl.-Ing. Manfred Geiger. 94 Seiten u. 56 Seiten mit 63 Bildern.   Vergriffen

29 **Untersuchungen über das Aufweittiefziehen**
Von P. S. Raghupathi, M. E. ISBN 3-7736-0780-6
80 Seiten Text u. 54 Seiten mit 73 Bildern u. 2 Tafeln. 32.- DM

30 **Faltenbildung als Verfahrensgrenze beim Stauchen von Hohlkörpern**
Von Dipl.-Ing. Klaus Dieterle. ISBN 3-7736-0781-4
55 Seiten Text u. 35 Seiten mit 43 Bildern u. 3 Tafeln. 28.- DM

31 **Beitrag zur Ermittlung von Fließkurven im kontinuierlichen hydraulischen Tiefungsversuch**
Von Dipl.-Ing. Franc Gologranc. ISBN 3-7736-0785-7
125 Seiten Text u. 58 Seiten mit 95 Bildern u. 6 Tafeln. Vergriffen

32 **Untersuchungen an Strangpreßmatrizen**
Von Dipl.-Ing. Klaus Gieselberg ISBN 3-7736-0786-5.
101 Seiten Text u. 56 Seiten mit 69 Bildern. 45.- DM

33 **Beitrag zur Messung der Strangoberflächentemperatur beim Strangpressen**
Von Dipl.-Ing. Karl-Heinz Friedrich. ISBN 3-7736-0787-3.
83 Seiten Text u. 90 Seiten mit 84 Bildern u. 3 Tafeln. 48.- DM

34 **Über das Umformverhalten von Blechen aus Titan und Titanlegierungen**
Von Dipl.-Ing. Hans Wilhelm. ISBN 3-7736-0788-1.
107 Seiten Text u. 69 Seiten mit 76 Bildern u. 13 Tafeln. 48.- DM

35 **Untersuchung der magnetischen Induktion, Stromdichte und Kraftwirkung bei der Magnetumformung**
Von Dipl.-Ing. Volker Schmidt. ISBN 3-7736-0789-X
60 Seiten Text u. 53 Seiten mit 84 Bildern 21.- DM

36 **Der Stofffluß beim kombinierten Napffließpressen**
Von Dipl.-Ing. Rolf Geiger. ISBN 3-7736-0790-3.
111 Seiten Text u. 74 Seiten mit 80 Bildern u. 6 Tafeln Vergriffen

37 **Beitrag zum Verhalten superplastischer Werkstoffe beim Massivumformen**
Von Dipl.-Ing. Hans Schelosky. ISBN 3-7736-0791-1
123 Seiten Text u. 61 Seiten mit 60 Bildern u. 4 Tafeln Vergriffen

38 **Energieumsatz beim elektrohydraulischen Umformen**
Von Dipl.-Ing. Hans-Joachim Weckerle. ISBN 3-7736-0792-X
103 Seiten Text u. 46 Seiten mit 56 Bildern. 45.- DM

39 **Elastische Wechselwirkungen an Gestell und Hauptgetriebe weggebundener Pressen**
Von Dipl.-Ing. Lutz Schemperg. ISBN 3-7736-0793-8.
91 Seiten Text u. 58 Seiten mit 65 Bildern u. 3 Tafeln. 45.- DM

40 **Über das plastische Verhalten von Sintermetallen bei Raumtemperatur**
Von Dipl.-Ing. Hartmut Honeß ISBN 3-7736-0794-6
84 Seiten Text u. 54 Seiten mit 67 Bildern u. 2 Tafeln. 45.- DM

41 **Untersuchungen zum Halbwarmfließpressen von Stahl**
Von Dr.-Ing. Rolf Geiger, Dipl.-Ing. Eckart Dannenmann und Dipl.-Ing. Jean Stefanakis.
ISBN 37736-0795-4 50 Seiten Text u. 33 Seiten mit 34 Bildern u. 2 Tafeln. Vergriffen

42 **Änderung der Werkstoffeigenschaften beim Ziehen von zylindrischen Hohlkörpern aus austenitischen und ferritischen nichtrostenden Stählen**
Von Dipl.-Ing. Rolf Zeller. ISBN 3-7736-0796-2.
80 Seiten Text u. 52 Seiten mit 34 Bildern u. 2 Tafeln. 38.- DM

43 **Untersuchungen über das Fließpressen superplastischer Werkstoffe**
Von Dr.-Ing. Hans Schelosky. ISBN 3-7736-0797-0.
36 Seiten Text u. 24 Seiten mit 26 Bildern u. 1 Tafel. Vergriffen

44 **Umformende Bearbeitung in flexiblen Fertigungssystemen**
Von Dipl.-Ing. Hartmut Kaiser. ISBN 3-7736-0798-9
87 Seiten Text u. 24 Seiten mit 47 Bildern. 36.- DM

45 **Geometrische Eigenschaften tiefgezogener kreiszylindrischer Näpfe**
Von Dipl.-Ing. Dieter Schlosser ISBN 3-7736-0799-7
107 Seiten Text u. 64 Seiten mit 60 Bildern u. 9 Tafeln. 48.- DM

46 **Die Eigenschaften einer AlZnMgCu-Legierung nach ausgewählten Kombinationen von Warmebehandlung und Kaltumformung**
Von Dipl.-Ing. Karl Hankele ISBN 3-7736-0880-2
86 Seiten Text u. 51 Seiten mit 52 Bildern u. 4 Tafeln. 45.- DM

47 **Kaltmassivumformen von Sintermetall**
Von Dipl.-Ing. Hans Dieter Schacher. ISBN 3-7736-0881-0
84 Seiten Text u. 44 Seiten mit 47 Bildern u. 5 Tafeln. 42.- DM

48 **Rechnerunterstützte Arbeitsplanerstellung und Kostenrechnung beim Kaltmassivumformen von Stahl**
Von Dipl.-Ing. Peter Noack. ISBN 3-7736-0882-9.
216 Seiten Text u. 116 Seiten mit 134 Bildern u. 23 Tafeln. 65.- DM

49 **Beitrag zur beanspruchungsgerechten Auslegung von rotationssymmetrischen Fließpreßmatrizen**
Von Dipl.-Ing. Gunther Kramer. ISBN 3-7736-0883-7.
94 Seiten Text u. 53 Seiten mit 56 Bildern. 48.- DM

50 **Erzeugung gratfreier Schnittflächen durch Aufteilen des Schneidvorgangs (Konterschneiden)**
Von Dipl.-Ing. Heinz Liebing. ISBN 3-7736-0884-5.
87 Seiten Text u. 51 Seiten mit 55 Bildern u. 4 Tafeln. 46.- DM

Die Berichte 1 bis 66 sind zu beziehen durch das Institut für Umformtechnik, Holzgartenstr. 17, 7000 Stuttgart 1

51 **Berechnung der elastischen Eigenschaften von Baugruppen im Pressenbau**
Von Dipl.-Ing. Herbert Blum ISBN 3-540-09804-6.
151 Seiten mit 55 Abbildungen. — Vergriffen

52 **Untersuchung der Verfahrensgrenzen beim 180°-Biegen von Fein- und Mittelblechen**
Von Dipl.-Phys. Wolfgang Schaub. ISBN 3-540-09881-X.
65 Seiten mit 24 Abbildungen. — 38,— DM

53 **Abstreckgleitziehen von nichtrostenden austenitischen Stählen**
Von Dipl.-Ing. Jobst-H. Kerspe. ISBN 3-540-09882-8.
109 Seiten mit 36 Abbildungen. — 43,— DM

54 **Fließpressen von Stahl im Temperaturbereich 773 K (500°C) bis 1073 K (800°C)**
Von Dipl.-Ing. Ulrich Diether. ISBN 3-540-09959-X.
165 Seiten mit 80 Abbildungen. — 48,— DM

55 **Die numerisch gesteuerte Radial-Umformmaschine und ihr Einsatz im Rahmen einer flexiblen Fertigung**
Von Dipl.-Ing. Peter Metzger. ISBN 3-540-10073-3.
158 Seiten mit 65 Abbildungen. — 43,— DM

56 **Möglichkeiten zur Steuerung des Stoffflusses beim Ziehen großer unregelmäßiger Blechteile**
Von Dr.-Ing. Vladimir V. Hasek. ISBN 3-540-10074-1.
193 Seiten mit 96 Abbildungen. — 48,— DM

57 **Beitrag zur Arbeitsgenauigkeit des Kaltmassivumformens**
Von Dipl.-Ing. Herbert Leykamm. ISBN 3-540-10363-5.
165 Seiten mit 84 Abbildungen und 5 Tabellen.. — 48,— DM

58 **Untersuchungen über das Verjüngen von zylindrischen Vollkörpern**
Von Dipl.-Ing. Helmut Binder. ISBN 3-540-10466-6.
146 Seiten mit 50 Abbildungen und 3 Tabellen. — 43,— DM

59 **Umformverhalten legierter Sintereisen**
Von Dipl.-Ing. Manfred Stilz. ISBN 3-540-11051-8.
170 Seiten mit 75 Abbildungen und 5 Tabellen. — 48,— DM

60 **Interaktives Programmsystem zur Erstellung von Fertigungsunterlagen für die Kaltmassivumformung**
Von Dipl.-Ing. Michael Rebholz. ISBN 3-540-11052-6.
121 Seiten mit 46 Abbildungen. — 43,— DM

61 **Beitrag zum Ziehen von Blechteilen aus Aluminiumlegierungen**
Von Dipl.-Ing. Michael Blaich. ISBN 3-540-11067-4.
141 Seiten mit 64 Abbildungen und 5 Tabellen. — 43,— DM

62 **Auslegung von rotationssymmetrischen Fließpreßwerkzeugen im Bereich elastisch-plastischen Werkstoffverhaltens**
Von Dipl.-Ing. Thomas Neitzert. ISBN 3-540-11623-0.
159 Seiten mit 51 Abbildungen. — 53,— DM

63 **Fließpressen von Sintermetall im Temperaturbereich zwischen 873 K (600°C) und 1173 K (900°C)**
Von Dipl.-Ing. Wolfgang Schaub. ISBN 3-540-11678-8.
160 Seiten mit 85 Abbildungen und 9 Tabellen. — 53,— DM

64 **Rechnerunterstützte Konstruktion von Umformwerkzeugen und die Fertigungsplanung von Werkzeugelementen**
Von Dipl.-Ing. Dieter Steuss. ISBN 3-540-11856-X.
178 Seiten mit 87 Abbildungen und 6 Tabellen. — 53,— DM

65 **Möglichkeiten und Grenzen des Kaltgesenkschmiedens als eine fertigungstechnische Alternative für kleine, genaue Formteile**
Von Dipl.-Ing. Khang Hoang-Vu. ISBN 3-540-11876-4.
156 Seiten mit 62 Abbildungen und 5 Tabellen. — 53,— DM

66 **Einsatz numerischer Näherungsverfahren bei der Berechnung von Verfahren der Kaltmassivumformung.**
Von Dipl.-Ing. Karl Roll. ISBN 3-540-11910-8.
166 Seiten mit 49 Abbildungen und 2 Tabellen. — 53,— DM

67 **Untersuchung über das Verjüngen von dickwandigen, zylindrischen Hohlkörpern**
Von Dipl.-Ing. Knut Haarscheidt. ISBN 3-540-12229-X.
124 Seiten mit 58 Abbildungen und 6 Tabellen. — 58,— DM

68 **Rechnerunterstützte Optimierung des Tiefziehens unregelmäßiger Blechteile**
Von Dipl.-Ing. Hans Glöckl. ISBN 3-540-12522-1.
143 Seiten mit 60 Abbildungen. — 58,— DM

69 **Hydrostatisches Fließpressen: Verfahrensparameter und Werkstückeigenschaften**
Von Dipl.-Ing. Jobst H. Kerspe. ISBN 3-540-12537-X.
123 Seiten mit 69 Abbildungen und 5 Tabellen. — 58,— DM

70 **Untersuchungen zum Halbwarmfließpressen von Automatenstählen**
Von Dipl.-Ing. Eberhard Nehl. ISBN 3-540-12568-X.
145 Seiten mit 104 Abbildungen. — 58,— DM

71 **Entwicklung und Anwendung neuer Schmierstoffprüfverfahren für die Kaltmassivumformung**
Von Dipl.-Ing. Thomas Gräbener. ISBN 3-540-12836-0.
140 Seiten mit 65 Abbildungen. — 58,— DM

72 **Einfluß der Blechoberfläche beim Ziehen von Blechteilen aus Aluminiumlegierungen**
Von Dipl.-Ing. Erhard Mössle. ISBN 3-540-12837-9.
142 Seiten mit 62 Abbildungen und 6 Tabellen. — 58,— DM

73 **Werkzeugverschleiß in der Massivumformung**
Von Dipl.-Ing. Matthias Weiergräber. ISBN 3-540-13033-0.
72 Seiten mit 36 Abbildungen und 2 Tabellen. — 58,— DM

Die Berichte 67 und folgende sind zu beziehen durch den Springer-Verlag, Berlin Heidelberg New York Tokyo

74 **Grundlagen der Umformtechnik I · Fundamentals of Metal Forming Technique I**
298 Seiten. ISBN 3-540-13039-X.   58,– DM

75 **Grundlagen der Umformtechnik II · Fundamentals of Metal Forming Technique II**
280 Seiten. ISBN 3-540-13040-3.   58,– DM

76 **Herstellung und Versteifungswirkung von geschlossenen Halbrundsicken**
Von Dipl.-Ing. Michael Widmann. ISBN 3-540-13172-8.
150 Seiten mit 63 Abbildungen.   63,– DM

77 **Kostenoptimierter Einsatz der Radialumformmaschine in gemischten, flexiblen Fertigungssystemen**
Von Dipl.-Ing. Michael Dostal. ISBN 3-540-13286-4.
121 Seiten mit 61 Abbildungen.   63,– DM

78 **Rechnerische Ermittlung von Zustandsgrößen beim Radialumformen**
Von Dipl.-Ing. Roland Paukert. ISBN 3-540-13287-2.
131 Seiten mit 57 Abbildungen und 1 Tabelle.   63,– DM

79 **Numerische Steuerung einer flexiblen Bearbeitungseinheit zum Radialumformen**
Von Dipl.-Ing. Helmut Noller. ISBN 3-540-13550-2.
120 Seiten mit 41 Abbildungen und 2 Tabellen.   63.– DM

80 **Vergleichende Betrachtung der Verfahren zur Prüfung der plastischen Eigenschaften metallischer Werkstoffe**
Von Dr.-Ing. Klaus Pöhlandt. ISBN 3-540-13578-2.
178 Seiten mit 43 Abbildungen und 11 Tabellen.   63,– DM

81 **Aufweitung von Fließpreßmatrizen mit überlagerter thermischer und mechanischer Beanspruchung**
Von Dipl.-Ing. Ewald Kling. ISBN 3-540-15755-7.
139 Seiten mit 61 Abbildungen und 1 Tabelle.   63,– DM

82 **Messung des Werkzeugverschleißes bei der Kalt- und Halbwarmumformung mit Radionukliden**
Von Dipl.-Ing. Eberhard Nehl. ISBN 3-540-16497-9.
131 Seiten mit 55 Abbildungen und 11 Tabellen.   68,– DM

83 **Ermittlung von Eigenspannungen in der Kaltmassivumformung**
Von A. Erman Tekkaya. ISBN 3-540-16498-7.
162 Seiten mit 60 Abbildungen und 2 Tabellen.   68,– DM

84 **Korrosionsbeständigkeit tiefgezogener rotationssymmetrischer Werkstücke aus austenitischen Stählen**
Von Dipl.-Ing. Matthias Weiergräber. ISBN 3-540-16560-6.
137 Seiten mit 63 Abbildungen und 4 Tabellen.   68.– DM

85 **Simulation of Metal Forming Processes by the Finite Element Method (SIMOP-I)**
Workshop Stuttgart 1985. ISBN 3-540-16592-4.
316 Seiten mit 147 Abbildungen und 3 Tabellen.   68,– DM

86 **Beanspruchung von Napf-Rückwärts-Fließpreßmatrizen aus Keramik infolge mechanischer Belastung und Temperatureinwirkung**
Von Dipl.-Ing. Winfried Nester. ISBN 3-540-16845-1.
148 Seiten mit 66 Abbildungen und 2 Tabellen.   68,– DM

87 **Einfluß von Oberflächenbeschichtungen auf den Werkzeugverschleiß bei der Massivumformung**
Von Dipl.-Ing. Harald Westheide. ISBN 3-540-16846-X.
146 Seiten mit 84 Abbildungen und 9 Tabellen.   68,– DM

88 **Hydrostatisches Fließpressen von Profilen unter Verwendung von Matrizen mit stetigem Übergang**
Von Dipl.-Ing. Suwandi Sugondo. ISBN 3-540-16847-8.
130 Seiten mit 59 Abbildungen und 7 Tabellen.   68,– DM

Die Berichte 67 und folgende sind zu beziehen durch den Springer-Verlag, Berlin Heidelberg New York Tokyo